21世纪高等院校规划教材

信息安全技术

实训教程

主编　方祥圣　刁　李

编委（以汉语拼音排序）

陈良敏　陈　诚　刁　李

方祥圣　潘爱华　孙家军

汪子赢　吴　锐　余　芳

中国科学技术大学出版社

内容简介

本书是为适应“信息安全技术”课程实训需求而编写的。书中精选了简单而实用的12个实训任务，这些任务覆盖了当前信息安全的主要领域。

“信息安全技术”是一门应用性很强的课程，目前信息安全技术方面的教材大多注重理论教学，而忽略实际应用。针对这种情况，本书以理论够用、重在实践为宗旨，以技术实用为原则，以任务驱动为导向编写而成，既避免了枯燥的理论讲解，又引发了学生的兴趣。全书共分为5章：第1章信息安全实训基础；第2章系统平台安全防护实训；第3章黑客攻击防范实训；第4章网络防御实训；第5章信息系统风险评估。

本书可作为独立教材使用，也可作为计算机专业、信息管理专业、信息安全技术专业、电子商务专业及其他电子类专业的“信息安全技术”课程的实训教程。

图书在版编目(CIP)数据

信息安全技术实训教程/方祥圣，刁李主编. —合肥：中国科学技术大学出版社，2012.8
ISBN 978-7-312-03048-2

Ⅰ.信… Ⅱ.①方… ②刁… Ⅲ.信息系统—安全技术—高等学校—教材 Ⅳ.TP309

中国版本图书馆CIP数据核字(2012)第185539号

出版 中国科学技术大学出版社
安徽省合肥市金寨路96号，邮编：230026
http://press.ustc.edu.cn
印刷 合肥市宏基印刷有限公司
发行 中国科学技术大学出版社
经销 全国新华书店
开本 787 mm×1092 mm 1/16
印张 11.25
字数 295千
版次 2012年8月第1版
印次 2012年8月第1次印刷
定价 22.00元

前　　言

随着信息时代的到来，越来越多的企业和个人逐步意识到信息安全防护的重要性。如何保护企业和个人的信息系统免遭他人的非法入侵是当前人们急需解决的问题。因此，社会对信息安全技术的需求越来越迫切，各高校相关专业也相继开设了信息安全方面的课程。但是，目前信息安全技术方面的教材大多偏重于理论，不能激发学生的学习热情。为此，我们以理论够用、重在实践为宗旨，以技术实用为原则，以任务驱动为导向编写了这本《信息安全技术实训教程》，引导学生自主学习，提高学生的学习兴趣。

信息安全技术是一门实践性非常强的学科，本书以 12 个任务为前提，全面介绍了信息安全领域的基本实用技术，帮助读者了解、掌握维护信息安全的基本技术与手段，从而满足实际工作需要。本书共分 5 章。第 1 章信息安全实训基础，介绍了信息安全的基本概念、信息安全面临的威胁、信息安全体系结构及信息安全实训基础。通过本章的介绍，使读者对信息安全有一个整体认识。第 2 章系统平台安全防护实训，列出了 3 个任务：操作系统应急启动、操作系统的账号和访问权限设置、操作系统安全配置。通过本章的介绍，使读者掌握信息平台安全防护的基础知识，向信息系统安全防护迈出了第一步。第 3 章黑客攻击防范实训，列出了黑客常用的 4 种攻击手段或方法及其防范：口令攻击及防范、缓冲区溢出攻击及防范、欺骗攻击及防范、远程控制及防范。通过本章的介绍，使读者了解黑客常用的攻击方法与手段，从而为防范黑客的攻击打下一定的基础。第 4 章网络防御实训，本章从当前网络防御的基本技术着手，让读者通过代理服务技术、入侵检测技术、入侵防御技术、手工查杀木马技术、加密解密技术共 5 种技术的实训，为信息安全防护打下牢固的基础。第 5 章信息系统风险评估，为读者今后在信息安全领域的进一步发展奠定基础。

本书由方祥圣、刁李主编，陈良敏、潘爱华、孙家军、吴锐、汪子赢、余芳参编。在编写过程中得到了安徽交通职业技术学院李锐主任、安徽财贸职业学院刘力主任、安徽工业经济职业技术学院傅建民主任、安徽行政学院陈诚老师的大力支持和帮助，在此表示衷心的感谢。

由于编者水平有限，书中欠妥之处，敬请广大读者批评指正。

编　者

2012 年 4 月

目　　录

第1章　信息安全实训基础

学习目标

通过对本章的学习，学生能对计算机信息安全有一个整体的认识。

通过本章的学习，应该掌握以下内容：

1. 掌握信息安全的基本概念。
2. 了解信息安全所面临的威胁和特征。
3. 了解信息安全体系。
4. 理解信息安全实训基础的内容。

随着现代通信技术的迅速发展和普及，特别是随着因特网进入千家万户，计算机信息的应用与共享日益广泛和深入。各种信息系统已成为国家基础设施，支撑着金融、通信、交通和社会保障等方方面面，计算机信息成为人类社会必需的资源。与此同时，计算机信息的安全问题也日益突出，情况也越来越复杂。从大的方面来说，计算机信息安全问题已经威胁到国家的政治、经济、军事、文化、意识形态等领域；从小的方面来说，计算机信息安全问题也涉及人们的个人隐私和私有财产安全等。因此，加强计算机信息安全研究、营造计算机信息安全氛围，既是时代发展的客观要求，也是保证国家安全和个人财产安全的必要途径。

1.1　信息安全基本概念

信息技术的应用，引起了人们生产方式、生活方式及思想观念的巨大变化，极大地推动了人类社会的发展和人类文明的进步，把人类带入了崭新的时代——信息时代。信息已成为社会发展的重要资源。然而，人们在享受信息资源所带来的巨大利益的同时，也面临着信息安全的严峻考验。信息安全已经成为世界性的问题。

1.1.1　信息安全

信息安全是指信息网络的硬件、软件及其系统中的数据受到保护，不因偶然的或者恶意的原因而遭到破坏、更改、泄露，系统连续、可靠、正常地运行，信息服务不中断。信息安全包含3层含义。

1. 系统安全

系统安全也就是实体安全，即系统运行安全。

2. 系统中的信息安全

系统中的信息安全即通过对用户权限的控制、数据加密等手段确保信息不被非授权者获取和篡改。

3. 管理安全

管理安全即用综合手段对信息资源和系统安全运行进行有效管理。

信息安全保密以信息系统的可靠性为前提,可靠性和安全性是其基本属性。

信息安全是一门涉及计算机科学、网络技术、通信技术、密码技术、信息安全技术、应用数学、数论、信息论等多种学科的综合性学科。

1.1.2 信息安全的属性

信息安全的基本属性主要表现在以下5个方面。

1. 完整性

完整性是指信息在存储或传输的过程中保持未经授权不能改变的特性,即对抗主动攻击,保证数据的一致性,防止数据被非法用户修改和破坏。对信息安全发动攻击的最终目的是破坏信息的完整性。

2. 保密性

保密性是指信息不被泄露给未经授权者的特性,即对抗被动攻击以保证机密信息不会泄露给非法用户。

3. 可用性

可用性是指信息可被授权者访问并按需求使用的特性,即保证合法用户对信息和资源的使用不会被不合理地拒绝。对可用性的攻击就是阻断信息的合理使用,例如破坏系统的正常运行就属于这种类型的攻击。

4. 不可否认性

不可否认性也称为不可抵赖性,即所有参与者都不可能否认或抵赖曾经完成的操作和承诺。发送方不能否认已发送的信息,接收方也不能否认已收到的信息。

5. 可控性

可控性是指对信息的传播及内容具有控制能力的特性,授权机构可以随时控制信息的机密性,能够对信息实施安全监控。

信息安全的任务就是要实现信息的上述5种安全属性。

1.2 信息安全面临的威胁

随着计算机网络的迅速发展,使得信息的交换和传播变得非常容易。由于信息在存储、共享和传输中,会被非法窃听、截取、篡改和破坏,从而导致不可估量的损失。特别是一些重要的部门,如银行系统、证券系统、商业系统、政府部门和军事系统等对在公共通信网络中进行信息存储和传输中的安全问题就更为重视。

1.2.1 信息安全威胁的概念

所谓的信息安全威胁就是指某个人、物、事件对信息资源的完整性、保密性、可用性、不可否认性和可控性所造成的危险。攻击就是安全威胁的具体体现。影响计算机信息安全的因素很多，一般可分为自然安全威胁和人为安全威胁两种，但是精心设计的人为攻击威胁最大。

人为安全威胁可以被分为故意的威胁和偶然的威胁。故意的威胁如假冒、篡改等。偶然的威胁如信息被发往错误的地址、误操作等。故意的威胁又可以进一步分为主动攻击和被动攻击。主动攻击是指以各种方式（如修改、删除、伪造、添加、重放、乱序、冒充、制造病毒等）有选择地破坏数据。主动攻击意在篡改系统中所含信息，或者改变系统的状态和操作，因此主动攻击主要威胁信息的完整性、可用性和真实性。被动攻击是指在不干扰计算机系统正常工作的情况下进行侦收、截获、窃取、破译、业务流量分析和电磁泄漏等。被动攻击不会导致对系统中所有信息的任何改动，系统的操作和状态也不会改变，因此被动攻击主要威胁信息的保密性，如搭线窃听、业务流量分析等。

对计算机的主动攻击具有明显的目的性和主动性，是计算机信息安全面临的最主要、最危险的威胁。有意威胁来自内部威胁和外部威胁两个方面。据不完全统计，有80%的计算机犯罪和系统安全遭破坏都与内部人员密切相关。

1.2.2 恶意攻击的特征

恶意攻击有明显的企图，其危害性相当大，给信息安全、系统安全带来了巨大的威胁。恶意攻击具有下列特征：

1. 破坏性

从事恶意攻击的人员（如黑客）大多具有相当高的专业技术水平和熟练的操作技能，他们在攻击前一般都经过周密预谋和精心策划，通过因特网非法接入后，篡改或伪造他人账户、存折或信用卡信息，实施盗窃、诈骗、破坏等行为，甚至非法侵入国家党政机关、企事业单位的系统，窃取政治、经济和军事机密等。

2. 隐蔽性

恶意攻击的隐蔽性很强，不易引起怀疑。一般情况下，恶意攻击的证据存在于软件的数据和信息资料之中，若无专业知识很难获取。但是，实施恶意攻击的行为人很容易毁灭这些证据。

3. 多样性

实施攻击的手段千变万化，如监听、流量分析、破坏完整性、重发、假冒、拒绝服务、资源的非授权使用、干扰、制造病毒等。

4. 严重性

一些关键行业的计算机遭到恶意攻击有可能造成非常严重的后果。例如对金融、证券业的计算机和网络的恶意攻击，往往会使金融机构和相关企业蒙受重大损失，也会给社会稳定带来不利影响；对军事、国防等计算机信息系统的恶意攻击更有可能危害到国家安全和人民生命财产安全。

恶意攻击得逞的原因是计算机系统本身有安全缺陷或漏洞,如通信线路的缺陷、电磁辐射的缺陷、引进技术的缺陷、软件漏洞、网络服务的漏洞等,其中,有些安全缺陷可以通过努力加以避免,有些缺陷则是计算机系统发展过程中所必须付出的代价。

1.3 信息安全体系结构

研究计算机信息系统安全体系结构的目的就是将普通性的安全体系原理与计算机信息系统的设计相结合,形成满足计算机信息系统安全需求的安全体系结构。应用计算机信息安全体系结构,可以从管理和技术上保证安全策略得以完整、准确地实现,安全需求全面、准确地得以满足。

1.3.1 信息安全层次体系

从信息安全的层次体系考虑,可以将信息安全划分为如下5个层次。

1. 物理层安全

物理层安全主要从以下3个方面来考虑:机房建设安全、环境安全和物理安全控制,具体来说物理层安全要做到五防,即防盗、防火、防静电、防雷击和防电磁泄露。

2. 网络层安全

网络层安全问题主要体现在网络设备及信息的安全性、网络资源的访问控制、数据传输的保密与完整性、远程接入的安全、域名系统的安全、入侵检测的手段等。

3. 系统层安全

系统层安全问题来自网络内使用的操作系统。系统层安全问题表现在2个方面:一是操作系统本身的不安全;二是对操作系统的安全配置问题。

4. 应用层安全

应用层的安全考虑所采用的应用软件和业务数据的安全性,包括数据库软件、Web服务、电子邮件系统等,此外,还包括病毒对系统的威胁。

5. 管理层安全

管理层安全包括安全技术和设备的管理、安全管理制度、部门与人员的组织规则等。管理的制度化程度极大地影响着整个网络系统的安全,严格的安全管理制度、明确的部门安全职责划分、合理的人员角色定位都可以在很大程度上减少其他层次的安全漏洞。

人们常说,信息安全是三分技术七分管理,可见管理对于信息安全的重要性。

1.3.2 信息安全管理体系

信息安全管理体系(ISMS,Information Security Management System)是基于业务风险防范,来建立、实施、运行、监视、评审、保持和改进信息安全的一套管理体系,是整个安全体系的一部分,管理体系包括组织结构、方针策略、规划活动、职责、实践、程序、过程和资源。

ISMS概念的提出源于BS 7799-2(《信息安全管理体系规范》),也就是后来的ISO/IEC

27001。ISO/IEC 27001 提出了在组织整体业务活动和所面临风险的环境下建立、实施、运行、监视、评审、保持和改进 ISMS 的 PDCA 模型，对 PDCA 模型的每个阶段的任务及注意事项、ISMS 的文件要求、管理职责作了较为详细的说明，并对内部 ISMS 审核、ISMS 管理评审、ISMS 改进也分别做出了说明。ISMS 的 PDCA 持续改进过程如图 1-1 所示。

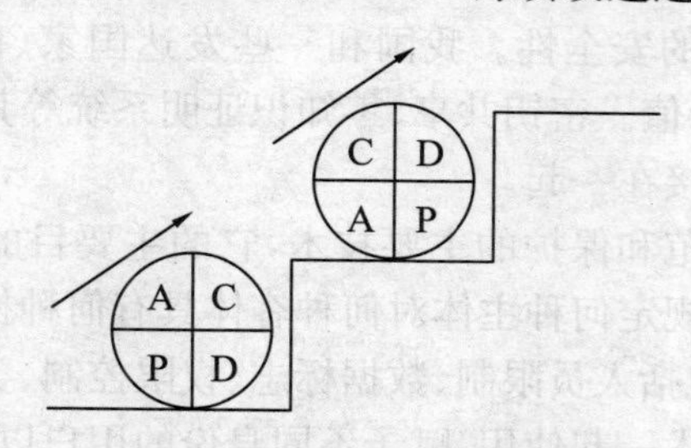

图 1-1　持续改进的 PDCA 图

图 1-1 中 PDCA 各字母含义分别如下：

① P(Plan)：计划，确定方针和目标，确定活动计划。

② D(Do)：实施，实现计划中的内容。

③ C(Check)：检查，总结执行计划的结果，注意效果，找出问题。

④ A(Action)：处理总结结果，对成功的经验加以肯定、推广和标准化；对失败的教训加以总结，避免重犯；未解决问题进入下一循环。

1.3.3　信息安全技术体系

根据信息安全技术的特性、保护对象及所能发挥的作用，信息安全技术可分为基础支撑技术、主动防御技术、被动防御技术和面向管理的技术等 4 个不同层次，如图 1-2 所示。

1. 基础支撑技术

该技术提供包括机密性、完整性和抗抵赖性等在内的最基本的信息安全服务，同时为信息安全攻防技术提供支撑，其中，密码技术、认证技术是信息安全基础支撑技术的核心，也是信息安全技术的核心。

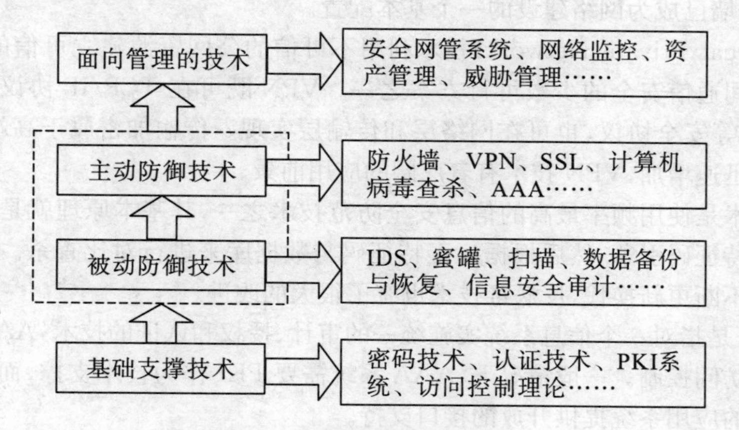

图 1-2　信息安全技术体系

密码、认证、数字签名和其他各种密码协议统称为密码技术，数据加密算法标准的提出和应用、公钥加密思想的提出是其发展的重要标志。认证、数字签名和各种密码协议则从不同的需求角度将密码技术进行延伸。认证技术包括消息认证和身份鉴别。消息认证的目的是保证通信过程中消息的合法性、有效性。身份鉴别则保证通信双方身份的合法性,这也是网络通信中最基本的安全保证。数字签名技术可以理解为手写签名在信息电子化的替代技术,主要用以保证数据的完整性、有效性和不可抵赖性等,它不但具有手写签名的类似功能,而且还具有比手写签名更高的安全性。我国和一些发达国家(比如美国)已为数字签名立法,使其具有很现实的实用价值。密钥共享、零知识证明系统等其他各种密码协议更是将密码技术紧紧地与网络应用连接在一起。

访问控制是网络安全防范和保护的主要技术,它的主要目的是保证网络资源不被非法使用和访问。访问控制技术规定何种主体对何种客体具有何种操作权力。访问控制是网络安全理论的重要方面,主要包括人员限制、数据标志、权限控制、类型控制和风险分析。访问控制技术一般与身份验证技术一起使用,赋予不同身份的用户以不同的操作权限,以实现不同安全级别的信息分级管理。

PKI(Public Key Infrastructure)是一种遵循既定标准的密钥管理平台,它能够为所有网络应用提供加密和数字签名等密码服务及所必需的密钥和证书管理体系。简单来说,PKI就是利用公钥理论和技术建立的提供安全服务的基础设施。PKI技术是信息安全技术基础的核心,也是电子商务的关键和基础技术。

2. 主动防御技术

防火墙、VPN和计算机病毒防范等是经典的主动防御技术,技术本身成熟程度高。AAA认证技术则是最近几年发展和应用较快的一种技术。

防火墙技术是将内联网与外联网之间的访问进行全面控制的一种机制,一般是由一组设备构成,这些设备可能包括路由器、计算机等硬件,也可能包含软件,或者同时包含硬件和软件。这些设备在物理上或逻辑上将内联网和外联网隔离开来,使得外联网和内联网的所有网络通信必须经过防火墙,从而可以进行各种灵活的网络访问控制,对内联网进行尽可能的安全保障,提高内联网的安全性。防火墙技术主要包括数据包过滤、应用级代理、地址翻译和安全路由器技术等。根据网络安全需求不同,防火墙可以有多种不同的组成结构,比如双宿网关、屏蔽主机和屏蔽子网等。防火墙技术是当前市场上最为流行的网络安全技术,多数情况下,防火墙已成为网络建设的一个基本配置。

VPN(Virtual Private Network)技术利用不可信的公网资源建立可信的虚拟专用网,是保证局域网间通信安全的少数可行方案之一。VPN既可在TCP/IP协议族的链路层实现L2F、PPTP等安全协议,也可在网络层和传输层实现。传输加密属于高端需求,随着企业网络用户的迅速增加,VPN技术有着广阔的应用前景。

反病毒技术是使用频率最高的信息安全防范技术之一,其基本原理就是在杀毒扫描程序中嵌入病毒特征码引擎,然后根据病毒特征码与数据库来进行对比查杀。随着这几年恶意代码技术的不断更新换代,反病毒技术也有了很大的改进。

AAA认证是指对一个信息系统实施统一的审计、授权和认证的技术,AAA系统面向应用和数据实施访问控制。一般情况下,AAA系统需要PKI作为技术支撑,而在实施的时候则需要被保护的应用系统提供开放的接口支持。

控制是信息安全必备的手段,主动防御技术始终代表信息安全技术发展的主流。

3. 被动防御技术

被动防御技术是信息安全技术发展最为活跃的领域,防御思路不断推陈出新。IDS、网络扫描、蜜罐是其中的典型代表,数据备份与恢复、信息安全审计则是传统系统被动防御技术在信息技术中的延伸,也是被动防御信息安全技术的重要方面。

IDS(Intrusion Detection Systems)是一种主动保护自己的网络和系统免遭非法攻击的网络安全技术。它从计算机系统或者网络中收集、分析信息,检测任何企图破坏计算机资源的完整性、机密性和可用性的行为,即查看是否有违反安全策略的行为和遭到攻击的迹象,并做出相应的反应。

网络扫描技术是攻击者行为的一种模拟。网络扫描技术首先是一种网络攻击技术的一部分。作为防御技术的网络扫描技术则是通过对系统或网络进行模拟攻击,从而确认网络或系统中安全威胁的分布情况,为实施进一步的控制措施和管理手段做准备。

蜜罐技术是网络扫描技术的进一步延伸,通过主动设置包含指定脆弱点的设备,进而捕获攻击者或攻击行为的特征是蜜罐技术的基本思想。蜜罐技术是人工分析攻击行为的自动化的发展,它为IDS、网络扫描技术提供服务。

IDS技术起源于信息审计技术,而信息安全审计则是IDS技术的进一步发展。信息安全审计为受信息安全威胁的系统提供审计信息,为事后分析和计算机取证提供依据。数据备份和恢复则以资源和管理为代价,为信息系统的稳定运行和业务的连续性提供最根本的保证。

4. 面向管理的技术

面向管理的技术以如何提高信息安全技术效率和集成使用信息安全技术为基本出发点,并在一般意义信息安全技术的基础上引入了管理的思想,是一种综合的技术手段。安全网管系统、网络监控、资产管理、威胁管理等属于这类技术。面向管理的技术是信息安全技术的一个重要发展方向。

1.4 信息安全实训基础

在信息时代,信息系统的安全性已经成为非常重要的研究课题。利用计算机进行信息犯罪涉及政府机关、军事部门、企事业单位,如果不加以遏制,轻则干扰人们的日常生活,重则造成巨大的经济损失,甚全威胁到国家的安全,所以信息安全已经引起许多国家,尤其是发达国家的高度重视,他们不惜在此领域投入大量的人力、物力和财力,以达到提高计算机信息系统安全的目的。因此学习和掌握信息安全技术,特别是一些具体的操作是非常必要的。我们学习信息安全实训,必须了解和掌握以下的知识。

1. 密码学

密码学是研究信息系统安全保密的学科,研究数据的加密、解密及变换,是密码编码学(使消息保密的科学与技术)和密码分析学(破译密文的科学与技术)的总称。密码系统是用于对消息进行加密、解密的系统,可以用一个5元组来表示密码系统,即明文、密文、密钥、加密算法、解密算法。

① 明文:被加密的原始信息(消息),通常用字符m或p来表示。

② 密文:明文被加密后的结果,通常用字符c来表示。

③ 密钥:参加密码变换的参数,通常用字符k来表示。

④ 加密算法:将明文变换成密文的变换函数,相应的变换过程称为加密,可表示为 $c=E(k,p)$。

⑤ 解密算法:将密文恢复成明文的变换函数,相应的恢复过程称为解密,可表示为 $p=D(k,c)$。

信息加密是保障信息安全的最基本、最核心的技术措施和理论基础,它也是现代密码学的主要组成部分。信息加密过程由形形色色的加密算法来具体实施,它以很小的代价提供很大的安全保护。在多数情况下,信息加密是保证信息机密性的唯一方法,到目前为止,据不完全统计,已经公开发表的各种加密算法多达数百种。

2. 认证技术

认证技术是保证网络通信中数据安全的一种有效方法,能够对网络中传送的数据进行辨别和认证。随着网络的飞速发展和应用,认证技术在生活中的各个方面得到普及。与保密性同等重要的安全措施是认证。在最低程度上,消息认证是确保一个消息来自合法用户。此外,认证还能够保护信息免受篡改、延时、重放和重排序。认证涉及内容:访问控制、散列函数、身份认证、消息认证、数字签名、认证应用程序等。

认证的原理是通过验证认证对象(人、事物或者一条信息)的一个或多个参数的真实性和有效性,来达到验证认证对象是否名副其实的目的。这样就要求验证的参数和认证对象之间存在严格的对应关系,理想状态下这种对应关系应该是唯一的。

认证系统常用的参数有口令、标志符、密钥、智能卡、指纹、虹膜等。对于那些能在长时间内保持不变的参数(非时变参数),可采用在保密条件下预先产生并存储的方法进行认证,而对于经常变化的参数则应适时地产生新的参数,再对新参数进行认证。

3. 病毒防治技术

随着计算机技术和因特网的发展,计算机的应用越来越广泛,计算机病毒技术也随着计算机技术的发展而不断发展。因此,计算机病毒对人们的危害也越来越大,这也使人们对计算机病毒有了更进一步的认识,计算机病毒对信息系统安全已构成非常严重的威胁。要保证信息系统的安全运行,除了采用服务安全技术措施外,还要专门设置计算机病毒检查、诊断、杀除设施,并采取成套的、系统的预防方法,以防止病毒的再入侵。计算机病毒的防治涉及计算机硬件实体、计算机软件、数据信息的压缩和加密解密技术。

4. 防火墙与隔离技术

防火墙作为网络安全的第一道安全防线被广泛应用到网络安全中。防火墙就像一道关卡,允许授权的数据通过,禁止未授权的数据通过,并记录报告。防火墙与隔离技术是静态安全防御技术,是保护本地计算机资源免受外部威胁的一种标准方法。

严格来说,防火墙是一种隔离控制技术。它是位于两个信任程度不同网络之间的,能够提供网络安全保障的软件或硬件设备的组合,它对两个网络之间的通信进行控制,按照统一的安全策略,阻止外部网络对内部网络重要数据的访问和非法存取,以达到保护系统安全的目的。防火墙系统可以是一个路由器、一台主机、主机群或者是放置在两个网络边界上软硬件的组合,也可以是安装在主机或网关中的一套纯软件产品。防火墙系统决定可以被外部网络访问的内部网络资源、可以访问内部网络资源的用户及该用户可以访问的内部网络资源、内部网络用户可以访问的外部网络站点等。

5. 入侵检测技术

入侵检测就是通过从计算机网络或计算机系统中的若干关键点收集信息并对其进行分

析，从中发现网络或系统中是否有违反安全策略的行为和遭到攻击的迹象，同时做出响应的行为。入侵检测的过程分为以下两个步骤：

(1) 信息收集

信息收集也称信息采集，收集的内容包括系统、网络、数据以及用户活动的状态和行为。需要从计算机网络系统中的若干关键点（不同网段和不同主机）收集信息，这除了尽可能扩大检测范围的因素外，还有一个重要的因素就是从一个源来的信息有可能看不出疑点，但从几个源来的信息不一致却是可疑行为或入侵的标志。入侵检测一般从系统和网络日志、文件目录和文件中的不期望改变、程序执行中的不期望行为和物理形式的入侵等方面进行信息采集。

(2) 数据分析

数报分析是入侵检测的核心。在这一阶段，入侵检测利用在各种检测技术处理步骤(1)中收集到的信息，并根据分析结果判断检测对象的行为是否为入侵行为。

入侵检测系统是按照一定的安全策略，为系统建立的安全辅助系统，是完成入侵检测功能的软硬件的集合。如果系统遭到攻击，IDS能够尽可能地检测到，甚至是实时地检测到，然后采取相应的处理措施。IDS就像一个安全触发器，通过检测入侵事件，可以及时阻止该事件的发生和事态的扩大。入侵检测系统被认为是防火墙之后的第二道安全闸门。入侵检测技术是动态安全技术的核心技术之一，是防火墙的合理补充，帮助系统对付网络攻击，扩展了系统管理员的安全管理能力（包括安全审计、监视、进攻识别和响应），提高了信息安全基础结构的完整性。在不影响网络性能的情况下对网络进行监测，从而能提供对内部攻击、外部攻击和误操作的实时保护。

6. 操作系统安全

随着计算机技术、通信技术、存储系统以及软件设计等方面的发展，计算机系统已经形成了多种安全机制，以确保可信地自动执行系统安全策略，从而保护操作系统的信息资源不受破坏，为操作系统提供相应的安全服务。这些安全机制包括：硬件安全机制、标志与鉴别、访问控制、最小特权管理、可信通路、隐蔽通道和安全审计等。

(1) 硬件安全机制

优秀的硬件保护性能是高效、可靠的操作系统的基础。计算机硬件安全的目标是保证其自身的可靠性和为操作系统提供基本安全机制，其中，基本安全机制包括存储保护、运行保护、I/O保护等。

(2) 标志与鉴别

标志与鉴别是涉及操作系统和用户的一个过程。标志就是操作系统要标识用户的身份，并为每个用户取一个操作系统可以识别的内部名称——用户标志符。用户标志符必须是唯一的且不能被伪造，防止某个用户冒充其他用户。将用户标志符与用户联系的过程称为鉴别，鉴别过程主要用于识别用户的真实身份，鉴别操作总是要求用户具有能够证明其身份的特殊信息，并且这个信息是秘密的，任何其他用户都不能拥有它。

这种机制保证只有合法的用户才能以操作系统允许的方式存取系统中的资源。用户合法性检查和身份认证机制通常采用口令验证或物理鉴定（如磁卡或IC卡、数字签名、指纹识别、声音识别等）的方式，而就口令验证来讲，操作系统必须将用户输入的口令和保存在操作系统中的口令进行比较，因此，系统口令表应该基于某一特定加密手段及存取控制机制来保证其保密性。

(3) 访问控制

访问控制是操作系统安全的核心内容和基本要求。当操作系统主体(进程或用户)对客体(如文件、目录、特殊设备等)进行访问时,应按照一定的机制判定访问请求和访问方式是否合法,进而决定是否支持访问请求和执行访问操作。访问方式通常包括自主访问控制和强制访问控制两种方式。

自主访问控制是指主体对客体的访问权限只能由客体的宿主或超级用户决定或更改。强制访问控制是由专门的安全管理员按照一定的规则分别对操作系统中的主体和客体作相应的安全标记,而且基于特定的强制访问规则来决定是否允许访问。

(4) 最小特权管理

特权是指超越访问控制限制的能力,它和访问控制结合使用,提高了操作系统的灵活性。然而,简单的系统管理员或超级用户管理模式也存在安全隐患,即一旦相应的口令失窃,后果将不堪设想。因此,应引入最小特权管理机制。最小特权管理机制根据敏感操作类型进行特权细分,基于职责关联一组特权指令集,同时建立特权传递及计算机制,并保证任何企图超越强制访问控制和自主访问控制的特权任务都必须通过特权机制的检查,从而减少由于特权用户口令丢失、恶意软件、误操作所引起的损失。例如,可在操作系统中定义5个特权管理职责,任何一个用户都不能获取足够的权力破坏系统的安全策略。

(5) 可信通路

在计算机系统中,用户是通过不可信的中间应用层和操作系统相互作用的。但用户登录、定义其安全属性、改变文件的安全级别等操作,必须确定是在与安全核心通信,而不是与一个特洛伊木马进行通信。操作系统必须防止特洛伊木马模仿登录过程、窃取用户的口令。

特权用户在进行特权操作时,也要有办法证实从终端上输出的信息是正确的,而不是来自于特洛伊木马。这些都需要一个机制保障用户和内核的通信,这种机制就是由可信通路提供的。

(6) 隐蔽通道

所谓隐蔽通道是指允许进程间以危害系统安全策略的方式传输信息的通信信道。根据共享资源性质的不同,隐蔽通道具体可分为存储隐蔽通道和时间隐蔽通道。鉴于隐蔽通道可能会造成严重的信息泄露,应当建立适当的隐蔽通道分析处理机制,以检测和识别可能的隐蔽通道,并予以消除。

7. 安全审计

安全审计是对操作系统中有关安全的活动进行记录、检查和审核。它是一种事后追查的安全机制,其主要目标是检测和判定非法用户对系统的渗透或入侵,识别误操作并记录进程基于特定安全级活动的详细情况,显示合法用户的误操作。安全审计为操作系统进行事故原因的查询、定位,事故发生前的预测、报警以及事故发生之后的实时处理提供详细、可靠的依据和证据支持,以备在违反系统安全规则的事件发生后能够有效地追查事件发生的地点、过程和责任人。

思　考　题

1. 怎样理解信息安全的概念？
2. 信息安全的威胁主要有哪些？
3. 信息安全可以分为哪 5 个层次？
4. 恶意攻击的特征有哪些？
5. 简述信息安全的技术体系。
6. 信息安全实训的基础知识有哪些？

第2章　系统平台安全防护实训

学习目标

通过对本章的学习，学生能对计算机系统平台安全及防护有一个整体的认识。

通过本章的学习，应该掌握以下内容：

1. 了解计算机系统平台安全防护的基本内容。
2. 掌握系统应急处理的常见方法。
3. 掌握操作系统安全配置的内容及方法。
4. 理解操作系统安全配置的重要性。

操作系统是硬件与其他应用软件之间的桥梁，它所提供的主要安全服务有：内存保护、文件保护、普通实体保护（对实体的一般存取控制）、存取鉴别（用户身份鉴别）等。

操作系统安全配置主要涉及以下3个方面：

① 采取防范攻击措施。

② 设置合适的访问权限。

③ 及时更新操作系统（即打补丁）。

2.1　任务1：操作系统应急启动

系统崩溃是每个系统管理员都不愿看到的，但谁也不能保证不会发生这种现象。系统一旦崩溃，就什么事情也做不成，系统内的任何数据都无法使用。为了以防万一，一种有效的方法是制作一张应急启动盘，先将系统启动起来，接下来再进行系统修复的工作。

操作系统的种类和版本众多。就不同的系统而言，启动盘特性及用途也各不相同，制作方法各异，对启动盘的叫法也有所不同，如紧急启动盘（emergency startup disk）、紧急引导盘（emergency boot disk）、紧急修复磁盘（emergency repair disk，ERD）、安装启动盘、系统引导盘等。另外，不少杀毒软件（如金山毒霸、KILL、KV3000等）也提供创建应急杀毒启动盘。

下面介绍几种主要类型的操作系统的启动盘制作方法。

2.1.1　Unix应急启动盘的制作

① 以超级用户注册或在单用户维护方式下输入“mkdev fd”，出现如下提示：

Floppy Disk Filesystem Creation Program
Choices for type of floppy filesystem.
1. 48tpi,double sided,9 sectors per track
2. 96tpi,double sided,15 sectors per track
3. 135tpi,double sided,9 sectors per track
4. 135tpi,double sided,18 sectors per track
Enter an option or q to quit:

② 选择磁盘类型,如 1.44 MB 软盘应选 4,出现如下提示:

Choices for contents of floppy filesystem.
1. Filesystem
2. Bootable only (96ds15 and 135ds18 only)
3. Root filesystem only(96ds15 and 135ds18 only)
Enter an option or q to quit:

选 2 为建立启动(boot)盘,选 3 为建立根文件系统(root filesystem)盘。之后,提示插软盘并询问是否要先格式化,回答后开始按所选类型建立文件系统:boot 盘仅用于启动系统,root filesgstem 盘则包含了一个软盘 Unix 系统所需的各个文件。

注意:若系统中安装了较多的应用软件,Unix 文件较大时,可能无法建立 boot 盘。这时,可用系统安装盘中的 N1 盘代替。另外,一般来说,不同系统之间的应急盘不能互换。

2.1.2 Linux 应急启动 U 盘的制作

1. 案例环境与条件准备

① 主板需要支持 USB 盘的启动方式。

② 双启动型 U 盘。

③ 操作系统:Red Hat 9.0 EL/Red Hat 8.0。

④ 下载相关软件:e3,bvi,Linux 内核(Linux-2.4.20)。

2. 应急启动 U 盘的制作

一般说来,无论出现什么问题,都可以用系统的安装光盘来重新启动。但是,从保护系统光盘的角度,或从缩短启动过程的角度,需要制作一个单独的、携带方便的应急启动盘。应急启动盘是在 Linux 已经安装好的系统中担当启动引导的作用。随着 U 盘应用的普及,人们更希望用这种便捷方式应急启动系统。其制作方法如下:

① 进入 Linux,在/mnt/下建立子目录 usb。

② 插入 U 盘,然后在终端输入“mount - t vfat/dev/sda1/mnt/usb”。这样就可以到/mnt/usb/下访问 U 盘了。

③ 在终端输入“uname - r”命令,获得当前 Linux 版本号。

④ 再输入“mkbootdisk - device/dev/sda1/mnt/usb”命令。这样,系统就把启动所需文件复制到 U 盘中。

⑤ 重新启动系统。

以上过程和制作 Linux 软盘启动原理一样,只不过设置 U 盘启动需要主板支持才行。U 盘启动在 BIOS 里设置,不同类型的 U 盘设置是不同的,一般设置 Boot First 为 USB ZIP

或 USB HDD。

2.1.3 Windows 2000 引导盘和紧急修复盘的制作

下面介绍 Windows 2000 的引导过程，同时介绍与准备和排除故障的有关知识。

1. 相关文件介绍

(1) boot.ini

boot.ini 文件是一个系统文件，该文件位于系统盘根目录下，例如系统安装在 C 盘，则该文件位置就是 C:\boot.ini。该文件具有隐藏属性，需要去除隐藏属性后才能在系统盘根目录下看到该文件。

boot.ini 为引导多系统启动时提供了很多的参数命令，配置这些启动参数可以得到不同的启动效果。在默认的情况下，boot.ini 加载的是/fastdetect 参数，表示启动时不检查串行口和并行口。若要将该参数更改为其他参数，需要先在 boot.ini 中选择要更改的系统列表，随后将该系统中的参数/fastdetect 改为相应的参数值，以后再启动该系统就会加载一些设置信息或画面。

boot.ini 文件的常见格式如下：

[boot loader]

timeout=30

default=multi(0)disk(0)rdisk(0)partition(1)\WINDOWS

[operating systems]

multi(X)disk(Y)rdisk(Z)partition(Q)\WINDOWS="Microsoft Windows XP Professional" /fastdetect

SCSI(X)disk(Y)rdisk(Z)partition(Q)\WIN98="Microsoft Windows 98" /fastdetect

该文件有两节：[boot loader]和[operating systems]。

[boot loader]节包含了超时规定和操作系统的默认路径。

① timeout=xx 表示超时规定，是一个时间量，以秒计。在规定的时间 xx 里，用户可在屏幕上对操作系统进行选择。默认情况下，超时时间是 30 s，用户可在屏幕上看到倒计时跳动的秒数，一直到 0。若用户在这段时间内没有做出选择，默认的操作系统就会被加载。如果在 boot.ini 文件中只有一个操作系统，Windows 2000 就不会等指定的时间过去后再引导它，即使规定超时时间为 30 s 或 60 s，操作系统也会在 3 s 后开始加载。

② default=xxxx 表示默认情况下系统要加载的操作系统路径，呈现为启动时等待用户选择的高亮条部分。

[operating systems]节包含了安装在计算机上的操作系统的路径。在基于 80x86 的计算机上，每个操作系统的路径都在它自己的行上输入，信息的格式基于“高级 RISC 计算(ARC)”中规定的约定，用引号括起来的文本串会显示在屏幕上。operating systems(操作系统)部分有两行：multi 和 SCSI(小型机系统接口)，用于标明硬件适配器。

① multi 表示一个非 SCSI 硬盘或一个由 SCSI BIOS 访问的 SCSI 硬盘。

② SCSI 表示一个 SCSI BIOS 禁止的 SCSI 硬盘。

③ X 值表示操作系统的系统根目录所在的分区、分区所在的硬盘、硬盘所在的磁盘控制器在同一磁盘控制器上的序号(X 从 0 开始)。

④ disk(Y)对于 SCSI 硬盘来说,Y 值表示操作系统的系统根目录所在的分区、分区所在的硬盘在同一个磁盘控制器上的硬盘序号(Y 从 0 开始);对于 multi 来说,Y 值无任何意义,恒为 0。

⑤ rdisk(Z)对于 multi 来说,Z 值表示操作系统的系统根目录所在的分区、分区所在的硬盘在同一个磁盘控制器上的硬盘序号(Z 从 0 开始);对于 SCSI 硬盘来说,Z 值无意义,恒为 0。

⑥ partition(Q)的 Q 值表示操作系统的系统根目录所在的分区在同一硬盘上主分区的序号(Q 从 1 开始)。

[operating systems]部分列出了这台计算机上所有操作系统的路径和清单,其中还包括一些如/fastdetect、/basevideo、/sos 之类的开关符。这些开关符都有特殊的含义,一般情况下建议不要更改。所以“multi(0)disk(0)rdisk(0)partition(2)\WINDOWS="Microsoft Windows XP Professional"/fastdetect”的含义是:默认的操作系统是 D 盘上的 Microsoft Windows XP Professional,即 Windows XP。这里的“/fastdetect”是一个使用参数,代表启动时不检查串行口和并行口。

由以上可知,boot. ini 是一个非常重要的系统文件,没有它,系统将无法进行引导。因此,平时除了要对其作必要的备份之外,还要掌握编辑它的方法。特别是在安装多系统时,如果没有按照从低到高(Windows 98、Windows 2000、Windows XP、Windows 2003)的安装顺序,该文件往往会被损坏。掌握了修改和编辑它的办法,就不会在出现问题时陷于无计可施的局面。

(2) ndetect. com

ndetect. com 是一个用于对硬件设备初始化的系统文件,把这些硬件信息传递给下一启动步骤,完成操作系统的启动。

注意:该文件仅存在于 Windows NT 架构的操作系统中,在 Windows 9x 下的启动流程则是另外的一种方式。

(3) bootsect. dos

这个文件不大,只有 512 字节,里面存放的是启动扇区中的全部数据。当 ntldr 被安装的时候,安装程序自动将原先的启动扇区保存为 bootsect. dos 文件,然后使用新的启动数据覆盖这个扇区。

(4) bootfont. bin

这个文件实际上就是一个中文字体库,用于在启动的时候有中文显示,否则看到的只有英文提示。

2. ntldr 与系统引导过程

ntldr 一般存放于 C 盘根目录下,是一个具有隐藏和只读属性的系统文件。它的主要职责是解析 boot. ini 文件。下面以 Windows 2000/XP 为例介绍 ntldr 在系统引导过程中的作用。

Windows 2000/XP 在引导过程中将经历预引导、引导和加载内核 3 个阶段,这与 Windows 9x 直接读取引导扇区的方式来启动系统完全不同,ntldr 在这 3 个阶段的引导过程中将起到至关重要的作用。

(1) 预引导阶段

在预引导阶段计算机所做的工作有:运行存放于 BIOS 中的自诊断测试程序(POST 程

序)，POST 将检测系统的总内存以及其他硬件设备的状况，将磁盘第一个物理扇区加载到内存，加载硬盘主引导记录并运行，主引导记录会查找活动分区的起始位置；接着活动分区的引导扇区被加载并执行；最后从引导扇区加载并初始化 ntldr 文件。

(2) 引导阶段

在引导阶段，Windows 2000/XP 将会依次经历如下 4 个分阶段：

① 初始引导加载阶段。ntldr 把微处理器从实模式转换为 32 位平面内存模式，然后执行适当的小型文件系统驱动程序，以识别每一个用 NTFS 或 FAT 格式的文件系统分区。

② 操作系统选择阶段。如果计算机上安装了多个操作系统，ntldr 将根据用户选择从 boot. ini 文件中查找到系统文件的分区位置。如果选择了 Windows NT 系统，则 ntldr 将会运行 ndetect. com 文件；否则，ntldr 将加载 bootsect. dos，然后将控制权交给 bootsect. dos。如果 boot. ini 文件中只有一个操作系统或者其中的 timeout 值为 0，则将不会出现选择操作系统的菜单画面；如果 boot. ini 文件非法或不存在，则 ntldr 将会尝试从默认系统卷启动系统。

③ 硬件检测阶段。这时，ndetect. com 文件将会收集计算机中硬件信息列表，然后将列表返回到 ntldr，把这些硬件信息加载到注册表"HKEY_LOCAL_MACHINE"中的"Hardware"中。

④ 配置选择阶段。如果有多个硬件配置列表，则会出现配置文件选择菜单；如果只有一个硬件配置列表则不会出现配置文件选择菜单。

(3) 加载内核阶段

加载内核阶段通过如下几个操作实现：

① ntldr 先加载 ntokrnl. exe 内核程序，接着加载硬件抽象层(hal. dll)。

② 系统加载注册表中的"HKEY_MACHINESystem"键值。这时 ntldr 读取"HKEY_MACHINESystemselect"键值，以决定哪一个 ControlSet 将被加载，所加载的 ControlSet 包含设备的驱动程序以及需要加载的服务。

③ ntldr 加载注册表"HKEY_LOCAL_MACHINESystemservice"下的 start 键值为 0 的底层设备驱动。

④ 当 ControlSet 的镜像 CurrentControlSet 被加载时，ntldr 将把控制权传递给 ntoskrnl. exe，至此引导过程将结束。

3. 创建引导软盘

引导软盘用于当引导扇区遭到破坏，或 C 盘根目录引导文件丢失时启动系统。它的制作过程要根据是在自己的系统上创建，还是在另一台 Windows 2000 计算机上创建而定。

(1) 在自己的系统上创建引导软盘

在自己的系统上创建引导软盘一般是在 Windows 2000 安装一结束就应当进行的工作。其制作方法是：先将一张软盘格式化，然后将 ndetect. com、ntldr. com、boot. ini、ntbootdd. sys 4 个文件从硬盘驱动器的根目录复制到软盘上。

注意：ntbootdd. sys 文件是重命名的 SCSI 驱动程序，只有存在一个 SCSI 系统时才是必要的。可以通过重新启动操作系统来测试这张软盘。

(2) 在另一台 Windows 2000 计算机上创建引导软盘

如果在安装后没有及时创建引导软盘，一旦系统被破坏，需要引导软盘启动它时，可以在另一台运行同样版本(Professional 或其中一个 Server 版本)和相同文件系统(NTFS、FAT 或 FAT32)的 Windows 2000 计算机上创建引导软盘。创建过程如下：

① 按照在自己的计算机上创建引导盘的步骤创建一张引导软盘。

② 打开 boot. ini，检查它是否与自己的系统配置相匹配。如果不匹配，应当打开 boot. ini调整设置。调整时要特别注意以下几点：

• 如果自己的系统中有一个不同的 SCSI 控制器，则要删除从创建引导盘的计算机上复制的 ntbootdd. sys 文件，然后找到正确的 SCSI 驱动程序文件，把它重命名为 ntbootdd. sys复制到软盘上。

• 如果源计算机使用一个 IDE(集成开发环境)控制器，并且自己的系统有一个 SCSI 控制器，则要用记事本调整 boot. ini 文件中的设置，然后将正确的 SCSI 驱动程序复制到软盘，并把它重命名为 ntbootdd. sys。

• 如果源计算机使用一个 SCSI 控制器，而自己的系统中有一个 IDE 控制器，则要用记事本调整 boot. ini 文件中的设置，并删除从源计算机上复制的 ntbootdd. sys 文件。

4. 制作紧急修复盘

(1) 紧急修复盘的功能

紧急修复盘(emergency repair disk，ERD)本身没有任何启动计算机的功能，只在修复 Windows 2000 故障时才使用。ERD 可以帮助修复下列元素出现的故障：

① 系统文件。

② 分区的引导扇区。

③ 双重引导系统的环境设置。

注意：不能使用 ERD 修复注册表故障。

(2) 创建 ERD

ERD 是备份功能集的一部分，其创建过程如下：

依次单击菜单命令"开始"→"程序"→"附件"→"系统工具"→"备份"，当备份程序窗口打开时，从菜单栏上单击"工具"→"创建一张紧急修复软盘"，这时会打开一个对话框，要求在驱动器 A 中插入一张空白的已格式化软盘。然后，单击"确定"按钮。过一会儿，出现一个信息框提示修复数据已经成功地保存。给 ERD 磁盘贴上标签，并把它放在一个安全的地方。

ERD 中有 autoexec. bat、config. nt、setup. log 3 个文件。

setup. log 是一个已加载的文件和驱动程序的清单，其中还有计算机的配置信息。由于 setup. log 文件含有系统的配置信息，因此改变系统的配置后应重新创建 ERD。

(3) 使用 ERD

对于基于 Intel 的计算机，使用 Windows 2000 安装盘或 Windows 2000 Professional 安装盘都可以启动计算机。在安装程序完成并从安装盘复制文件之后，系统就会重新启动，进入基于文本的安装模式。在安装的欢迎屏上，可选择是要修复还是要恢复 Windows 2000 安装，等到提示输入修复类型或所需的修复选项时，按 R 键将修复损坏的 Windows 2000 安装。

修复可以选择"快速修复"或"手动修复"。按 M 键进行手动修复，让安装程序有选择地修复系统文件、分区引导扇区或启动环境，手动修复不会修复注册表。按 F 键进行快速修复——由安装程序自动修复系统文件、分区引导扇区和启动环境，并且恢复的注册表是在第一次安装 Windows 2000 时创建的注册表，快速修复并不需要额外的用户交互操作。然后遵循出现的提示进行操作，并按照提示，插入 ERD。如果有原始的 Windows 2000 安装盘，可以让安装程序校验磁盘，检查是否有损坏。

完成修复后，计算机会重新启动并运行 Windows 2000。

系统还提供了有关修复过程的其他信息。具体信息可以从 Windows 帮助中寻找。

注意：① 一般不要使用 ERD 修复注册表。ERD 还原的注册表副本是安装之后的原始注册表。

② 修复过程取决于保存在 systemroot\repair 文件夹中的信息，不能更改和删除该文件夹。

③ 分区引导扇区包含有关文件系统结构和加载操作系统命令的信息。如果计算机是双重引导系统，ERD 包含指定要启动哪个操作系统和如何启动的设置信息。

④ 应定期更新 ERD，以便磁盘里记录的是最新的系统设置。

实训 1 系统应急启动盘的制作

1. 实验目的

① 掌握应急启动盘的制作方法。

② 了解应急启动盘中的内容。

③ 了解应急启动盘的使用方法。

2. 实验内容

在找不到运行同一版本 Windows 2000 和使用相同文件系统计算机的情况下，给出创建用于自己计算机的引导软盘的制作方法。

3. 实验准备

① 设计系统应急启动盘制作时所需要的文件。

② 设计系统应急启动盘的制作步骤。

4. 推荐的分析讨论内容

① 如何制作 Windows 系统的应急启动 U 盘？

② 紧急启动 U 盘有实际用途吗？

③ 其他发现或想到的问题。

2.2 任务 2：操作系统的账号和访问权限设置

2.2.1 Linux 用户账号管理

Linux 系统是一个多用户多任务的分时操作系统，任何一个要使用系统资源的用户，都必须首先向系统管理员申请一个账号，然后以这个账号的身份进入系统。用户账号一方面可以帮助系统管理员对使用系统的用户进行跟踪,并控制他们对系统资源的访问;另一方面也可以帮助用户组织文件,并为用户提供安全性保护。每个用户账号都拥有一个唯一的用户名和各自的口令。用户在登录时输入正确的用户名和口令后,就能够进入系统和自己的主目录。

用户账号管理所包含的内容有:用户账号的添加、删除与修改,用户口令的管理,用户组的管理。

Linux 提供了集成的系统管理工具 userconf,它可以用来对用户账号进行统一管理。

与用户和用户组相关的信息都存放在一些系统文件中,这些文件包括/etc/passwd,/etc/shadow,/etc/group 等。

/etc/passwd 文件是用户管理所涉及的一个最重要的文件。Linux 系统中的每个用户都在/etc/passwd 文件中有一个对应的记录行,每行记录又被冒号分隔为 7 个字段:

用户名:口令:用户标志号:组标志号:注释性描述:主目录:登录 Shell。

各字段的具体含义如下:

① 用户名。该字段代表用户账号的字符串,由大小写字母或数字组成,通常长度不超过 8 个字符。因为冒号在这里是分隔符,所以登录名中不能有冒号。为了兼容起见,登录名中最好不要包含点字符(.),并且不要使用连字符(-)和加号(+)开头。

② 口令。由于/etc/passwd 文件对所有用户都可读,为了增强安全性,许多 Linux 系统(如 SVR4)使用了 shadow 技术,把真正加密后的用户口令字存放到/etc/shadow 文件中,而在/etc/passwd 文件的口令字段中只存放一个特殊的字符,例如 x 或者*。

③ 用户标志号。该字段是在系统内部标志用户的整数,一般情况下与用户名一一对应。若几个用户名对应于同一个用户标志号,在系统内部会把它们视为同一个用户,但允许它们有不同的口令、不同的主目录和不同的登录 Shell 等。通常用户标志号的取值范围是 0～65,535:0 是超级用户 root 的标志号;1～99 由系统保留,作为管理账号;普通用户的标志号从 100 开始,在 Linux 系统中,这个界限是 500。

④ 组标志号。该字段记录的是用户所属的用户组。它对应着/etc/group 文件中的一条记录。

⑤ 注释性描述。该字段记录着用户的一些个人情况,例如用户的真实姓名、电话、地址等。它们对 Linux 并没有什么实际意义,在不同的 Linux 系统中,也没有统一的格式。

⑥ 主目录。主目录用户的起始工作目录,是用户在登录到系统之后所处的目录。在大多数系统中,各用户的主目录都被组织在同一个特定的目录下,而用户主目录的名称就是该用户的登录名。各用户对自己的主目录有读、写、执行(搜索)权限,其他用户对此目录的访问权限则根据具体情况设置。

⑦ 登录 Shell。Shell 是用户与 Linux 系统之间的接口。用户登录后,要启动一个进程,负责将用户的操作传给内核,这个进程是用户登录到系统后运行的命令解释器或某个特定的程序,即 Shell。Linux 的 Shell 有许多种,每种都有不同的特点。常用的有 sh(Bourne Shell),csh(C Shell),ksh(Korn Shell),tcsh(TENEX/TOPS - 20 type C Shell),bash(Bourne Again Shell)等。系统管理员可以根据系统情况和用户习惯为用户指定某个 Shell。如果不指定 Shell,系统则以 sh 为默认的登录 Shell,即这个字段的值为/bin/sh。

例 2.1 /etc/passwd文件示例。

```
# cat /etc/passwd
root:x:0:0:Superuser:/:
daemon:x:1:1:System daemons:/etc:
bin:x:2:2:Owner of system commands:/bin:
sys:x:3:3:Owner of system files:/usr/sys:
adm:x:4:4:System accounting:/usr/adm:
uucp:x:5:5:UUCP administrator:/usr/lib/uucp:
auth:x:7:21:Authentication administrator:/tcb/files/auth:
cron:x:9:16:Cron daemon:/usr/spool/cron:
listen:x:37:4:Network daemon:/usr/net/nls:
lp:x:71:18:Printer administrator:/usr/spool/lp:
abc:x:200:50:Sam san:/usr/sam:/bin/sh
```

用户的登录 Shell 也可以指定为某个特定的程序(此程序不是一个命令解释器)。利用这一特点,可以限制用户只能运行指定的应用程序,在该应用程序运行结束后,用户就自动退出系统。有些 Linux 系统要求只有那些在系统中登记了的程序才能出现在这个字段中。

系统中有一类用户称为伪用户(psuedo users),这些用户在/etc/passwd 文件中也占有一条记录,但是不能登录,因为它们的登录 Shell 为空。它们的存在主要是为方便系统管理,满足相应的系统进程对文件属主的要求。常见的伪用户有:

① bin,拥有可执行的用户命令文件。

② sys,拥有系统文件。

③ adm,拥有账户文件。

④ uucp,uucp(UNIX 系统向文件复制程序)使用。

⑤ lp,lp 或 lpd 子系统使用。

⑥ nobody,NFS(网络文件系统)使用。

除了上面列出的伪用户以外,还有许多标准的伪用户,例如 audit、cron、mail、usenet 等,它们也都各自为相关的进程和文件所需要。

由于/etc/passwd 文件是所有用户都可读的,如果用户的密码太简单或规律比较明显,一台普通的计算机就能很容易地将它破解。

2.2.2 Windows 用户账号管理

1. 用户的管理

登录 Windows XP 计算机,必须有一个用户账号。账号是一个定义了 Windows XP 用户的所有信息的档案,包括用户名和用户登录密码。

在 Windows XP 中,用户账号是由本地计算机管理员(即 Administrator)创建、管理,并授予每一个用户相应的权限。当用户登录计算机时,Windows XP 系统将检验该用户的用户名和密码，然后决定这个用户在系统中能干些什么。

(1) 创建新的本地用户账户

Windows XP 安装完成后，系统会自动创建两个默认账号 Administrator 和 Guest(这两个账号是删除不掉的)。Administrator 为管理员账户，具有本地计算机上的最高权限，对本地计算机有绝对的控制权(使用层面的)。Guest 是来宾账户，为系统中没有自己账号的用户设置的，只具有较小的权限。要在本机上创建其他新的本地账户，需要在 Administrator 账户进行。

右键单击"我的电脑"→"管理"→"计算机管理"→双击"本地用户和组"→"用户"→右边窗口中显示所有已经存在的用户账号→右边窗口单击右键→"新用户"→"新用户对话框"→输入用户名、密码等信息(确认密码框中输入相同的用户密码)→"创建"。新创建的用户自动被添加到 Users 普通用户组中，管理员可将新建的用户添加到其他组中改变权限。

(2) 删除或停用某个用户账户

停用某个用户账号时双击"计算机管理"→"本地用户和组"→"用户"→双击需停用的用户账号→"属性对话框"→"账号已停用"→"确定"。被停用的账号图标上会出现×标记，表明该用户账号已停用。若要重新启用只需取消该复选框。删除某个用户账号，右键单击需删除的用户账号→"删除"→"确认框"→"是"，即可删除用户账号。

2. 用户组的管理

(1) 新建组

用具有管理员权限的用户登录计算机→右键单击"我的电脑"→"管理"→打开"计算机管理"→左边窗口中双击"本地用户和组"→"组"→右边窗口中显示已创建的本地组→右边窗口中单击右键→"新建组"→"新建组对话框"→"组名"中输入新建组的名称→"描述"中输入组账号的描述文字→"创建"→"完成"。新建的组此时还没有任何权限，可以用组策略编辑器赋予新组一定的权限。

(2) 在组中添加用户

在组中添加某个用户，就是将这个组的权力赋予这个用户。一个组中可以包括多个用户，一个用户也可以从属于多个组。XP 中的 Administrator 组、Power Users 组、Users 组中的用户都有权在本组中添加其他用户。

Administrator 组中的用户有权力在所有本地组中添加用户；Power Users 组中的用户只能在 Power Users 组、Users 组、Guests 组中添加用户；Users 组中的用户只能在自己创建的本地组中添加用户。

为组添加用户时双击"计算机管理"→"本地用户和组"→"组"→右边窗口中显示已创建的组→在右边窗口中右键单击想要加入组的用户→在快捷菜单中→"添加到组"→"属性对话框"→"添加"→"选择用户对话框"→对话框下方的用户列表→选择想加入到当前组的用户→"确定"→"属性对话框"→在成员列表中显示所有已加入到当前组中的用户→"确定"。

被添加到组中的用户将具有该组的所有权限，如果该用户从属于多个组，它将具有多个组的权限，并以最高的权限组的权限为准。

(3) 删除组

XP 中除了系统默认的 6 个组，其他新创建的本地组都可以被删除。Administrator 组中的用户可以删除任何创建的组，Users 组和 Power Users 组中的用户只能删除自己所创建的组。

要删除组时双击“计算机管理”→“本地用户和组”→“组”→右边窗口显示已创建的组→右键单击需删除的本地组→“删除”→“提示”→“是”→“删除”。

(4) 为本地组设置权限

当管理员授予某个工作组的权限时,同时也就将这一权限授予了该组中的所有成员。为本地组设置权限时单击“开始”→“运行”→“运行”对话框→输入“mmc”→“确定”→“控制台”→“文件”→“添加/删除管理单元”→“添加/删除管理单元”对话框→单击“添加”→“添加独立管理单元”对话框→“可用的独立管理单元”→“组策略对象编辑器”→“添加”→返回到“控制台”窗口→左边的控制台目录树→展开“本地计算机策略”、“计算机配置”、“Windows 设置”、“安全设置”、“本地策略”、“用户权限指派”项→右边窗口显示出所有可使用的权限和目前享有该权限的组→选择要授予本地组的权限→“操作”→“属性”→“创建记号对象属性”→“添加用户和组”→选择用户和组→高级→对象类型→选择组复选择→立即查找→选择要赋予权限的组→“添加”→将该组添加到列表中→“确定”→返回到“创建记号对象属性”对话框→成员列表中出现刚添加的组→“确定”。

(5) 快速用户切换

快速用户切换是指不必注销当前用户及中断他们当前运行的应用程序或文档,而快速切换到另一个用户使用。单击“开始”→“注销”→“注销”对话框→“切换用户”→注销当前用户→在出现的登录界面中只需要选中需要进行切换的用户,输入登录密码便可实现多用户间的快速切换。

3. 管理员账户的安全性

Windows 2000/XP/2003 中都能找到一个系统内置的默认管理员账户 Administrator,该账户具有最高管理权限,用来完成软件安装、系统设置等任务。如果系统由于存在漏洞而被黑客入侵,黑客为了下次还能方便地进来,通常会留一个管理员账户的影子账户(现在的远控木马功能非常强大,根本不需要建立隐藏账户,除非是熟人或对你特别有兴趣,想盯住了长期反复控制)。黑客要远程登录系统,必须拥有具有远程登录权限的账户,由于Administrator是系统中默认建立的管理员账户,一般无法删除,所以黑客都会选择Administrator作为用户名破解登录密码。

使用组策略可以修改 Administrator 的用户名,可一旦黑客已经给 Administrator 起了个其他名,再怎么改用户名也没用。

XP 在安装过程中会提示建立一个管理员账户,但即使建立了(比如 aaa 账户),实际默认的 Administrator 账户仍是存在的,并且密码为空,这是很多人所疏忽的。可以在安全策略中对禁止空密码账户的远程登录进行设置,这样黑客即使知道密码为空,仍无法利用。

4. Windows 内置账户

内置账户是微软在开发 Windows 时预先设置的能够登录系统的账户。使用最多的有 Administator 和 Guest,它们无法从系统中删除,即使从未使用这两个账户登录系统。如果在安装系统后使用其他账户登录系统,在 C:\Docnments and Settings 目录中就不会产生它们两个所对应的配置文件目录,但这两个账户仍存在,用这两个账户登录一次后,系统就会生成相应的目录。

5. 管理员账户的安全防范

为确保账户安全,一般需要为 Administrator 账户和其他账户设置很长很复杂的密码,更改 Administrator 为其他名称。“运行”→“gpedit. msc”→打开组策略编辑器→左侧窗格的本地计算机策略→“计算机配置”→“Windows 设置”→“安全设置”→“本地策略”→“安全选项”→右侧窗格的列表中→“重命名系统管理员账户”→双击它就能设置新的账户名了。

6. 常用的账户建立/查看方法

(1) 用户账户

“控制面板”→“用户账户”→用户账户管理窗口→“创建一个新账户”→根据提示即可完成一个新用户的建立。

在这里可以查看曾经登录过系统的账户，但没有在 C:\Documents and Settings 目录中生成用户数据的账户不会显示，在这里检查系统中存在的账户是不准确的，稍有经验的入侵者把残留在这里的痕迹抹去并非难事。

(2) 控制台

“控制面板”→“计算机管理”→“本地用户和组”→“用户”→窗口右侧就罗列了当前系统已经建立的账户，一些在用户账户中没有显示的账户都可以在这里查到。在窗口右侧空白处单击右键选择“新用户”，然后输入账户信息就可以建立一个新用户。

(3) 命令行

“运行”→“cmd”→“net user”→可查看当前系统的账户情况。

键入“net user cfan 123 /add”命令，可以新建一个用户名为 cfan，密码为 123 的受限账户(归入 users 组成员)。

要将 cfan 账户提升为管理员级，运行命令“net localgroup administrators cfan /add”将其加入 Administrators 用户组即可，要删除该用户则运行命令“net user cfan /del”，要查看账户的详细情况可以执行命令“net user cfan”。

(4) 账户配置文件目录

系统盘符下的 Documents and Settings 目录中，凡是登录过系统的账户都会在此生成一个与账户名同名的目录。

(5) 查看用户配置文件

“我的电脑”→“属性”→“高级”→单击“用户配置文件”→“设置”→“用户配置文件”窗口→显示了登录过系统的账户。具备管理员权限的用户可以在这里删除其他账户及其配置文件(包括有密码保护的账户)。

(6) ntfs 格式分区巧用权限设置

在 ntfs 格式的分区中，如果已经取消了文件夹选项→查看→使用简单文件共存的勾选，那么鼠标右击一个文件或者目录选择“属性”后就能看到“安全”选项卡，在这个选项卡中简单罗列了对此文件/目录具备权限的用户或组，而依次单击“添加”→“高级”→“立即查找”后，系统就会显示整个系统中的用户、组或内置安全性原则，可以非常方便地找出系统中的可疑账户。

7. 把隐藏账户请出系统

(1) 添加“$”符号型隐藏账户

一般黑客在利用这种方法建立隐藏账户后，会把隐藏账户提升为管理员权限。只需要在“命令提示符”中输入“net localgroup administrators”就可以让所有的隐藏账户现形。也可以直接打开“计算机管理”进行查看，添加“$”符号的账户是无法在这里隐藏的。

(2) 修改注册表型隐藏账户

用这种方法隐藏的账户是不会在“命令提示符”和“计算机管理”中看到的,可到注册表中删除。

第一步:打开注册表编辑器,找到[HKEY. LOCAL_MACHINE\SAM\SAM\DOMAINS\ACCOUNT\USERS\NAMES],其下的子项就是系统中的账户名,这是最保险的查看方式。点击左侧分支找到[HKEY_LOCAL_MACHINE\SAM\SAM\DOMAINS\ACCOUNT\USERS\NAMES\ADMINISTRATOR],查看并记录下该项的默认值。

第二步:依次检查[HKEY_LOCAL_MACHINE\SAM\SAM\DOMAINS\ACCOUNT\USERS\NAMES]下的所有子项,如果某个子项的默认值与刚才记录下的 Administrator 的默认值相同,那么这个就是隐藏(影子)账户了,删除它。

第三步:除 Administrator 外,黑客还可能复制出其他账户的用户数据,所以保险起见还需检查[HKEY_LOCAL_MACHINE\SAM\SAM\DOMAINS\ACCOUNT\USERS\NAMES]下所有子项的默认值是否有相同的,如果有就该小心了。

(3) 通过事件查看器找到无法看到名称的隐藏账户

如果黑客制作了一个修改注册表型隐藏账户,并删除了管理员对注册表的操作权限。那么管理员是无法通过注册表删除隐藏账户的,甚至无法知道隐藏账户的名称。此时,可以借助“组策略”的帮助,让黑客无法通过隐藏账户登录。“开始”→“运行”→输入“gpedit. msc”→“组策略”→“计算机配置”→“Windows 设置”→“安全设置”→“本地策略”→“审核策略”→双击“审核策略”更改→设置窗口→成功→“确定”→审核登录事件和审核过程追踪→相同的设置→开启登录事件审核功能。

进行登录审核后,可以对任何账户的登录操作进行记录,包括隐藏账户,这样就可以通过“计算机管理”中的“事件查看器”准确得知隐藏账户的名称,甚至登录的时间。即使黑客将所有的登录日志删除,系统还会记录是哪个账户删除了系统日志,隐藏账户就暴露了。

虽然得知隐藏账户的名称,但是无法删除这个隐藏账户(因为对注册表操作的权限被删除了),此时,可以在“命令提示符”中输入“net user 隐藏账户名称”,更改这个隐藏账户的密码,这样隐藏账户就会失效。

8. 审核策略的常规设置

审核被启用后,系统就会在审核日志中收集审核对象所发生的一切事件,如应用程式、系统连同安全的相关信息,审核策略下的各项值可分为成功、失败和不审核 3 种,默认是不审核,若要启用审核,可在该项上双击鼠标,弹出“属性”窗口,首先选中“在模板中定义这些策略配置”,然后按需求选择“成功”或“失败”即可。

审核策略更改:用于确定是否对用户权限分配策略、审核策略或信任策略做出更改的每一个事件进行审核。建议配置为“成功”、“失败”。

审核登录事件:用于确定是否审核用户登录到该电脑、从该电脑注销或建立和该电脑的网络连接的每一个实例。假如设定为审核成功,则可用来确定哪个用户成功登录到哪台电脑;假如设定为审核失败,则能够用来检测入侵,但攻击者生成的庞大的登录失败日志,会造成拒绝服务(DOS)状态。建议配置为“成功”。

审核对象访问:确定是否审核用户访问某个对象,例如文档、文档夹、注册表项、打印机等,他们都指定了自己的系统访问控制列表(sacl)的事件。建议配置为“失败”。

审核过程跟踪:确定是否审核事件的周详跟踪信息,如程式激活、进程退出、间接对象访问等。假如您怀疑系统被攻击,可启用该项,但启用后会生成大量事件,正常情况下建议将其配置为“不审核”。

审核目录服务访问:确定是否审核用户访问那些指定有自己的系统访问控制列表(sacl)的 activedirectory 对象的事件。启用后会在域控制器的安全日志中生成大量审核项,因此仅在确实要使用所创建的信息时才应启用。建议配置为“不审核”。

审核特权使用:该项用于确定是否对用户行使用户权限的每个实例进行审核,但除跳过遍历检查、调试程序、创建标记对象、替换进程级别标记、生成安全审核、备份文档和目录、还原文档和目录等权限。建议配置为“不审核”。

审核系统事件:用于确定当用户重新启动或关闭电脑,或对系统安全或安全日志有影响的事件发生时,是否予以审核。这些事件信息是很重要的,所以建议配置为“成功”、“失败”。

审核账户登录事件:该配置用于确定当用户登录到其他电脑(该电脑用于验证其他电脑中的账户)或从中注销时,是否进行审核。建议配置为“成功”、“失败”。

审核账户管理:用于确定是否对电脑上的每个账户管理事件,如重命名、禁用或启用用户账户、创建、修改或删除用户账户或管理事件进行审核。建议配置为“成功”、“失败”。

2.3　任务3:操作系统安全配置

2.3.1　Windows 操作系统安全配置

本节以 Windows 2000 操作系统安全为例,讲述操作系统层的安全。操作系统层的安全将直接影响网络层、应用层等层的安全。本节将从保护级别上由易到难分成操作系统的初级安全配置、中级安全配置、高级安全配置 3 个级别。这样做可以通过选择不同的安全级别让用户对自己的操作系统进行安全配置。

1. 初级安全配置

初级安全配置主要介绍常规的操作系统安全配置,包括 12 条基本配置原则。

(1) 操作系统的物理安全

所有的计算机都应该安放在安装了监视器的房间内。服务器要安装在单独的隔离房间内,不要与一般的计算机放在一起。

监视器要保留 15 天以上的摄像记录。另外,机箱、键盘、计算机桌抽屉要上锁,确保他人即使进入房间也无法使用计算机,钥匙要放在安全的地方。

(2) 保护 Guest 账户

① 将 Guest 账户关闭、停用或改名。将 Guest 列入拒绝从“网络访问”名单中(如果没有共享文件夹和打印机),防止黑客利用 Guest 账户从网络访问计算机、关闭计算机或查看日志。

② 在计算机管理的用户里面把 Guest 账户停用,任何时候都不允许 Guest 账户登录系统。为了保险起见,最好给 Guest 加一个复杂的密码,如一串包含特殊字符、数字、字母的长

字符串,还应修改 Guest 账户的属性,设置拒绝远程访问,如图 2-1 所示。

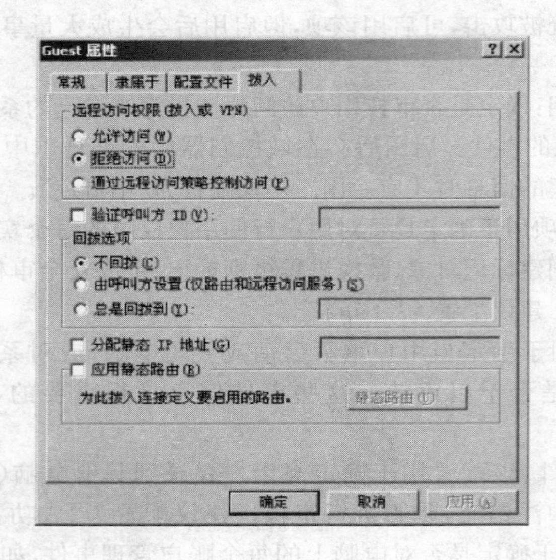

图 2-1 停止 Guest 账户

(3) 限制用户数量

去掉所有的测试账户、共享账户和普通部门账户等。使用用户组策略为各用户设置相应权限,并且经常检查系统的账户,删除已经不使用的账户。“计算机管理”窗口如图 2-2 所示。

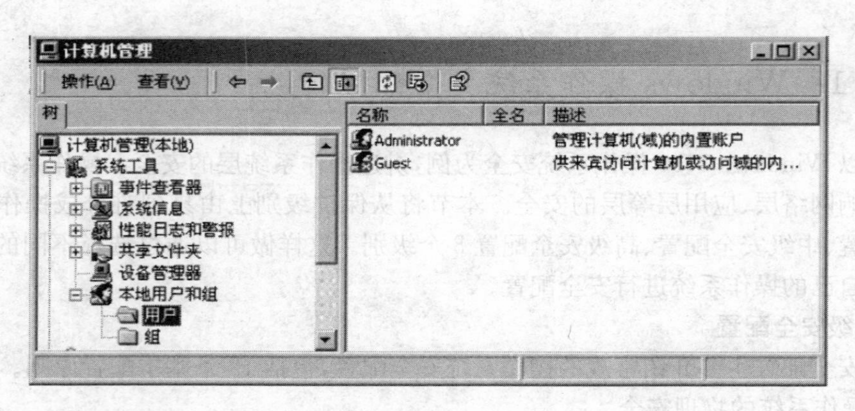

图 2-2 “计算机管理”窗口

账户过多是黑客入侵系统的突破口,系统的账户越多,黑客得到合法用户权限的可能性也就越大。对于 Windows NT/2000 主机,如果系统账户超过 10 个,一般就能轻易找出一两个弱口令账户,所以系统账户不要超过 10 个。

(4) 多个管理员账户

虽然这点看上去和上面有些矛盾,但事实上是服从以上原则的。创建一个一般用户权限账户用来处理电子邮件和一些日常事务,另一个拥有 Administrator 权限的账户只在需要的时候使用。

因为只要登录系统,密码就存储在 WinLogon 进程中,用户入侵计算机的时候就可以得到登录用户的密码,所以应尽量减少 Administrator 登录的次数和时间。

(5) 管理员账户改名

Windows 2000 中的 Administrator 账户是不能被停用的，这意味着别人可以一遍又一遍地尝试这个账户的密码。把 Administrator 账户改名可以有效地防止这一点。

尽量不要使用 Administrator、自己的姓名、公司名称之类的名字，而应把它伪装成普通用户，比如改成“guestone”。具体操作的时候只要用鼠标右击账户名选择“重命名”就可以了，如图 2-3 所示。

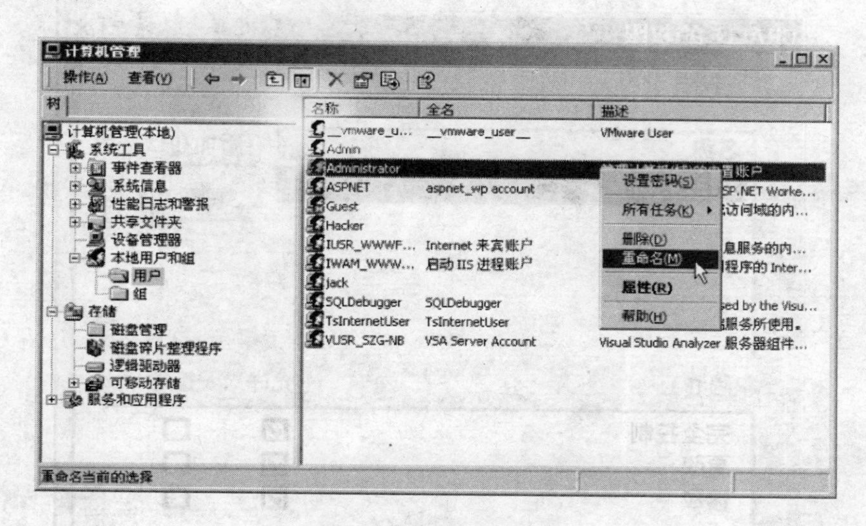

图 2-3 管理员账户改名

(6) 陷阱账户

所谓的陷阱账户是创建一个名为“Administrator”的本地账户，把它的权限设置成最低，如将该用户隶属的组修改成 Guests 组，并且加上一个超过 10 位的超级复杂密码，如图 2-4 所示。这样可以让那些企图入侵者忙上一段时间，同时可以借此发现他们的入侵企图。

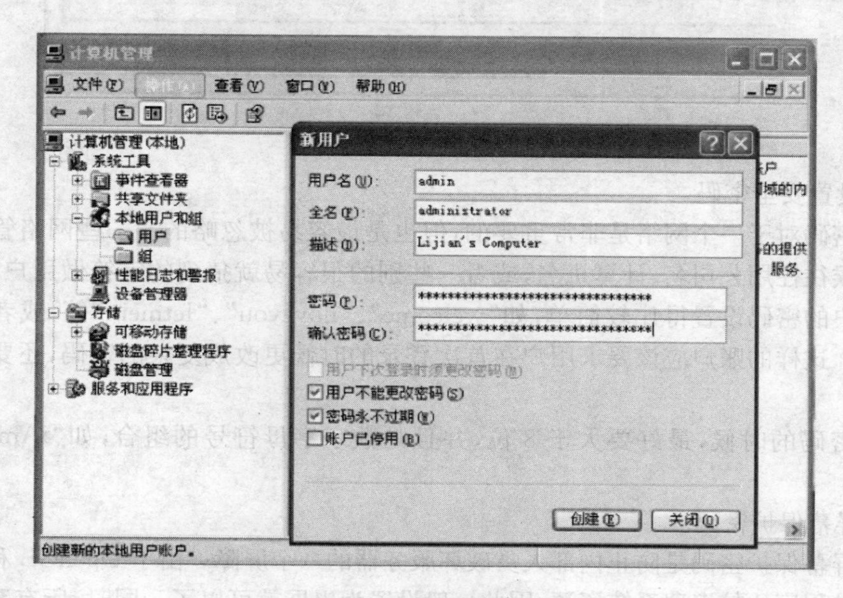

图 2-4 创建陷阱账户

(7) 更改共享文件或文件夹默认权限

共享文件的权限从“Everyone”组改成“授权用户”。“Everyone”在 Windows 2000 中意味着任何有权进入网络的用户都能够获得这些共享资料。

任何时候不要把共享文件的用户设置成“Everyone”组。如打印共享，默认的属性就是“Everyone”组的，一定不要忘记修改。设置某文件夹共享默认设置如图 2-5 所示。

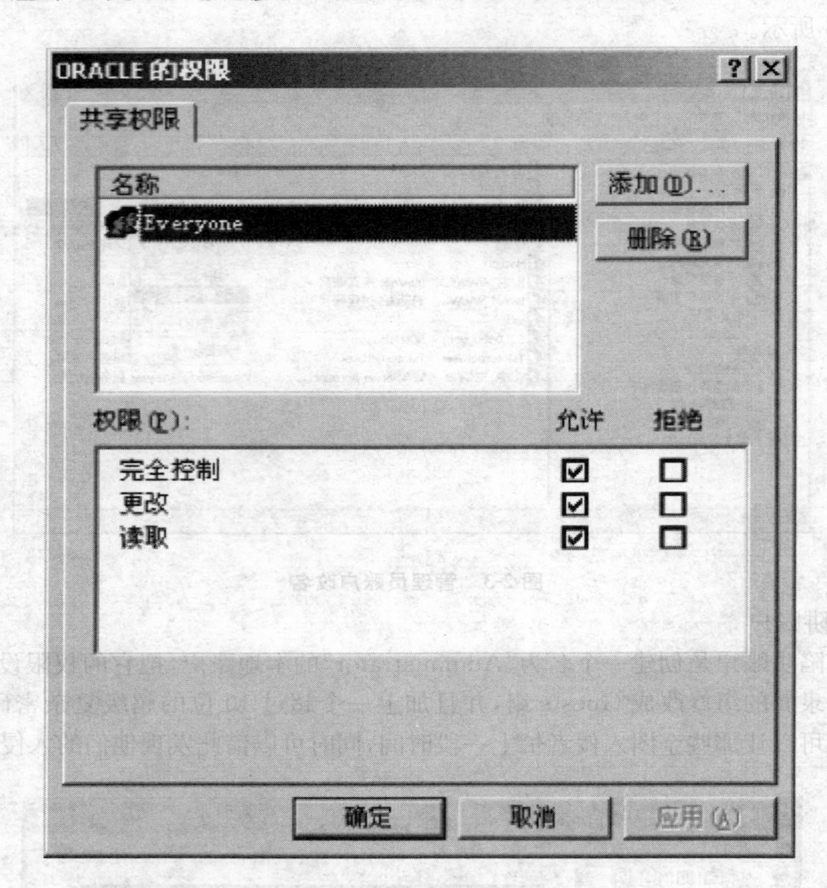

图 2-5　更改共享权限

(8) 设置安全密码

好的密码对于一个网络是非常重要的，但也是最容易被忽略的。一些网络管理员创建账户的时候往往用公司名、计算机名，或者一些别的很容易就猜到的字符做用户名，然后又把这些账户的密码设置得比较简单，如“welcome”、“iloveyou”、“letmein”等，或者密码和用户名相同。这样的账户应该要求用户在首次登录的时候更改成复杂的密码，还要注意经常更改密码。

设置密码的时候，最好要大于 8 位，并且是数字字母符号的组合，如“iAmjaCk876 * &%”等。

(9) 屏幕保护密码

设置屏幕保护密码是防止内部人员破坏服务器的一个屏障。由于 OpenGL 和一些复杂的屏幕保护程序比较浪费系统资源，因此一般设置为黑屏就可以了。同时，所有系统用户所使用的机器也最好加上屏幕保护密码。

将屏幕保护的选项“密码保护”选中，等待时间设置为最短时间“1 分钟”，如图 2-6 所示。

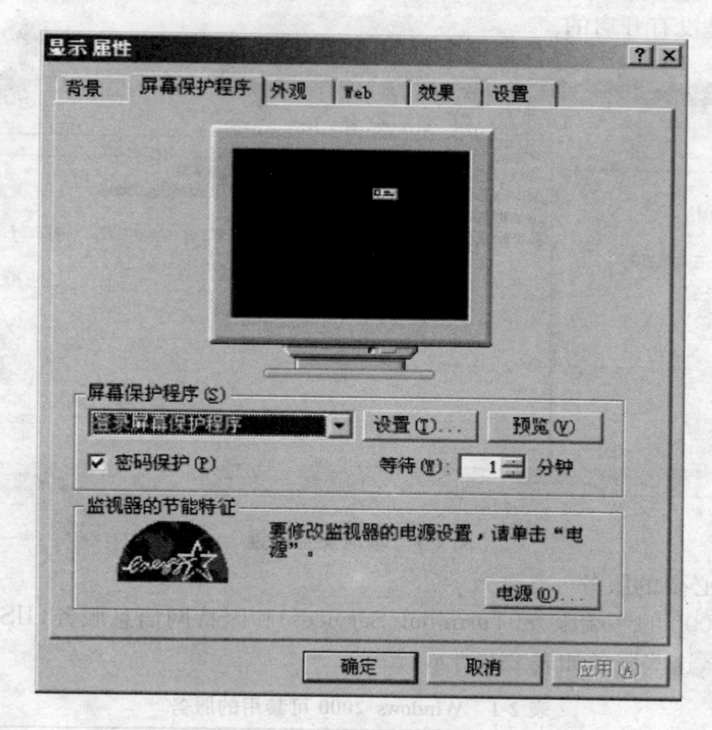

图 2-6　屏幕保护密码

(10) 使用 NTFS 格式

把服务器的所有分区都改成 NTFS 格式。NTFS 文件系统要比 FAT、FAT32 的文件系统安全得多。NTFS 格式可以设置对于分区的访问权限。

(11) 安装杀毒软件

Windows 2000/NT 服务器一般都不预装杀毒软件，一些好的杀毒软件不仅能杀掉一些著名的病毒，还能查杀大量木马和后门程序。

设置了杀毒软件，并且要经常升级病毒库，黑客们使用的那些有名的木马就毫无用武之地了。

目前国内著名的杀毒软件有江民、瑞星和金山等。

(12) 备份盘的安全

一旦系统资料被黑客破坏，备份盘将是恢复资料的唯一途径。备份完资料后，把备份盘放在安全的地方。

另外，不能把资料备份在同一台服务器上，这样就起不到备份的作用了。

2. 中级安全配置

中级安全配置主要介绍操作系统的安全策略配置，包括 11 条基本配置原则。

(1) 操作系统安全策略

利用 Windows 2000 的安全配置工具来配置安全策略，微软提供了一整套的基于管理控制台的安全配置和分析工具，可以配置服务器的安全策略。

在管理工具中可以找到“控制面板”→“管理工具”→“本地安全策略”，主界面如图 2-7 所示。

可以配置4类安全策略:账户策略、本地策略、公钥策略和IP安全策略。在默认的情况下,这些策略都是没有开启的。

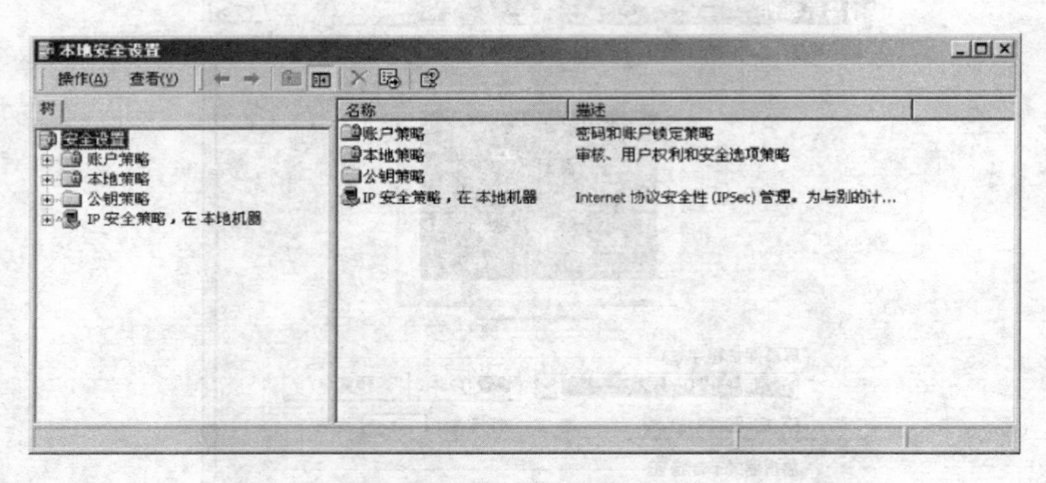

图 2-7 本地安全设置

(2) 关闭不必要的服务

Windows 2000 的终端服务(Terminal Services)和因特网信息服务(IIS)等都可能给系统带来安全漏洞,这些服务如表2-1所示。

表 2-1 Windows 2000 可禁用的服务

服务名	说 明
Computer Browser	维护网络上计算机的最新列表以及提供这个列表
Task Scheduler	允许程序在指定时间运行
Routing and Remote Access	在局域网以及广域网环境中为企业提供路由服务
Removable Storage	管理可移动媒体、驱动程序和库
Remote Registry Service	允许远程注册表操作
Print Spooler	将文件加载到内存中以便稍后打印,要用打印机的用户不能禁用这项服务
IPSEC Policy Agent	管理IP安全策略以及启动ISAKMP/Oakley(IKE)和IP安全驱动程序
Distributed Link Tracking Client	当文件在网络域的NTFS卷中移动时发送通知
Com+ Event System	提供事件的自动发布到订阅COM组件

为了能够在远程方便地管理服务器,很多机器的终端服务都是开着的,如果开了,要确认已经正确地配置了终端服务。

有些恶意程序也能以服务方式悄悄运行服务器上的终端服务。要留意服务器上开启的所有服务,并每天检查。

(3) 关闭不必要的端口

关闭端口意味着减少功能,如果服务器安装在防火墙的后面,被入侵的机会就会少一些,但也不能高枕无忧。

用端口扫描器扫描系统所开放的端口,在 winnt\system32\drivers\etc\services 文件中有知名端口和服务的对照表可供参考，可用记事本打开该文件，如图 2-8 所示。

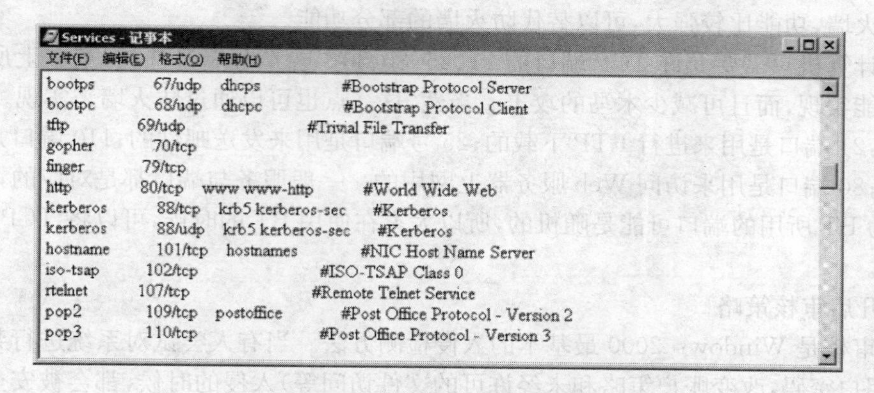

图 2-8　计算机中常用的端口

在计算机操作系统中设置开放端口的方法如下：在 IP 地址设置窗口中单击“高级”按钮，如图 2-9 所示。在出现的对话框中选择“选项”选项卡，如图 2-10 所示。选中“TCP/IP 筛选”，单击“属性”按钮，弹出窗口如图 2-11 所示。

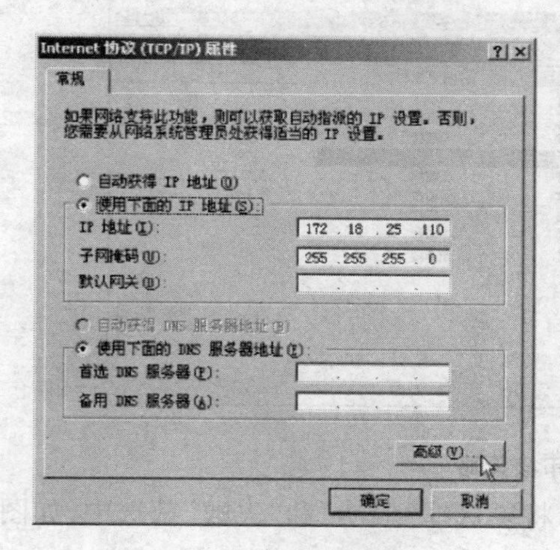

图 2-9　TCP/IP 协议属性

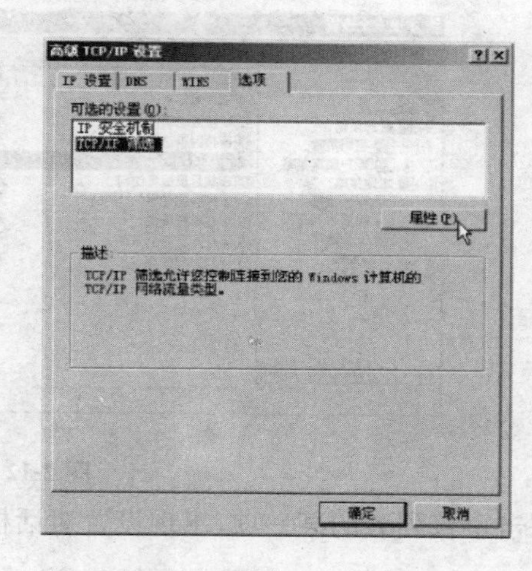

图 2-10　高级 TCP/IP 设置

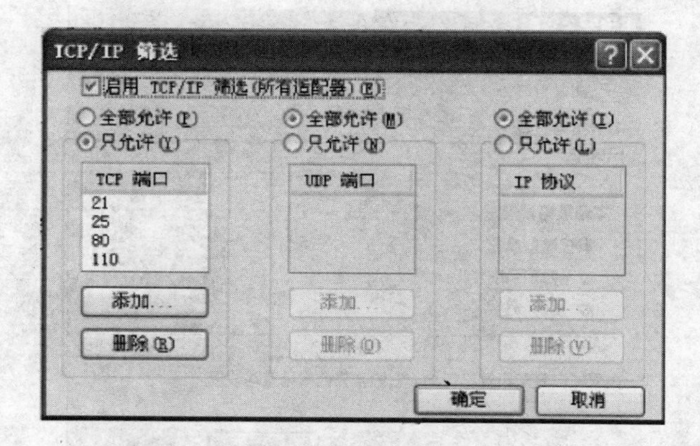

图 2-11　TCP/IP 筛选

一台 Web 服务器只允许 TCP 的 80 端口开放就可以了。TCP/IP 筛选器是 Windows 自带的防火墙，功能比较强大，可以替代防火墙的部分功能。

个人计算机只需要允许 TCP 端口的 21、25、80、110 这 4 个端口开放，基本上所有需要的功能都能实现，而且可减少木马的攻击。当然，这一点也可以通过防火墙来实现。

注意：21 端口是用来进行 FTP 下载的；25 号端口是用来发送邮件的；110 端口是用来接收邮件的；80 端口是用来访问 Web 服务器上网用的。一般服务与端口都是对应的，但是 BT 除外，因为 BT 所用的端口可能是随机的，所以大家在使用 BT 的时候，可以将 TCP/IP 筛选功能去除。

(4) 开启审核策略

安全审核是 Windows 2000 最基本的入侵检测方法。当有人尝试对系统进行某种方式(如尝试用户密码，改变账户策略和未经许可的文件访问等)入侵的时候，都会被安全审核记录下来。

很多的管理员在系统被入侵了几个月都不知道，直到系统遭到破坏。图 2-12 中的这些审核是必须开启的，其他的可以根据需要增加。

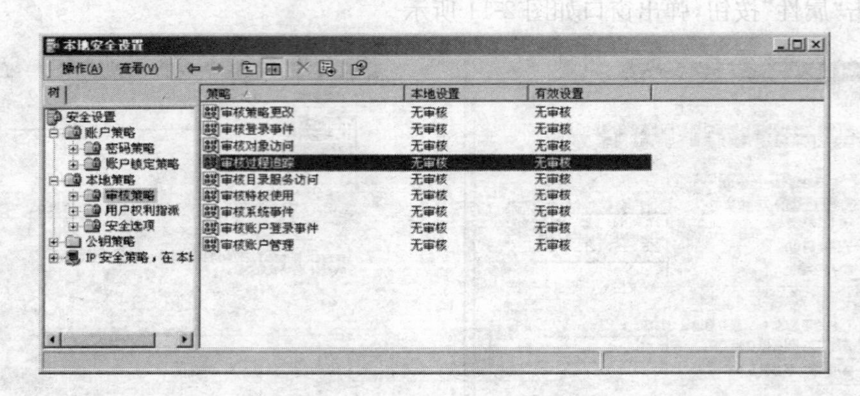

图 2-12 审核策略

双击审核列表的某一项，出现设置对话框，将复选框“成功”和“失败”都选中，如图 2-13 所示。

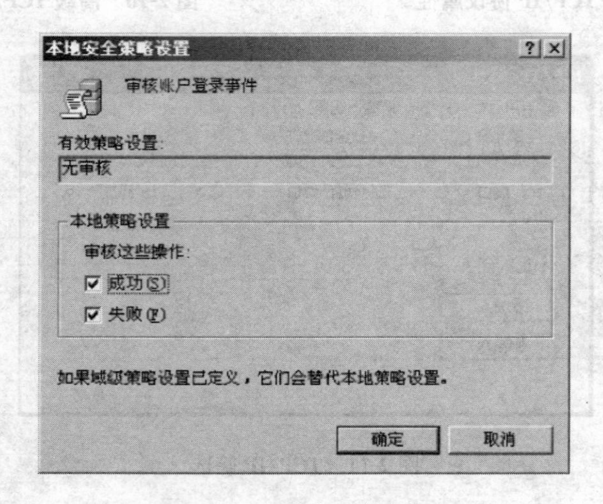

图 2-13 开启账户审核策略

（5）开启密码策略

密码对系统安全非常重要。本地安全设置中的密码策略在默认的情况下都没有开启。需要开启的密码策略设置如表 2-2 所示，密码设置如图 2-14 所示。

表 2-2　密码策略

策略	设置	策略	设置
密码复杂性要求	启用	密码最长存留期	15 天
密码长度最小值	8 位	强制密码历史	5 个

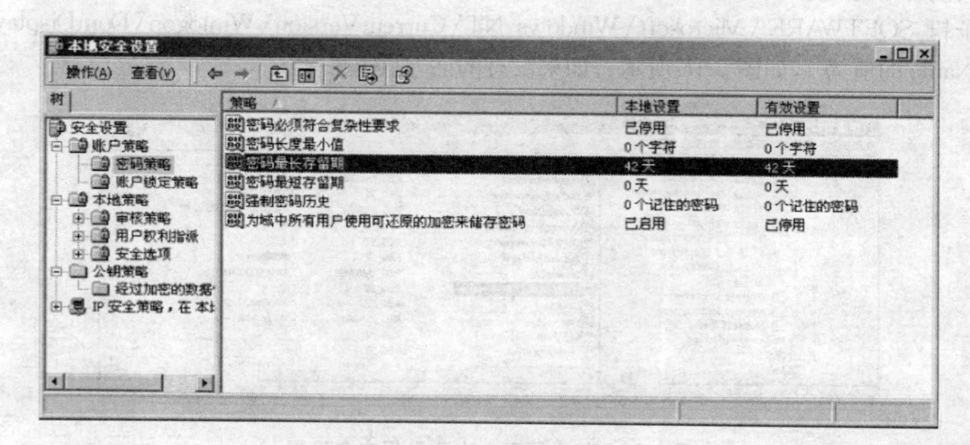

图 2-14　密码策略

（6）开启账户策略

开启账户策略可以有效地防止字典式攻击，设置如表 2-3 所示。

表 2-3　账户策略

策略	复位账户锁定计数器	账户锁定时间	账户锁定阈值
设置	30 分钟	30 分钟	5 次

账户锁定策略的设置结果如图 2-15 所示。

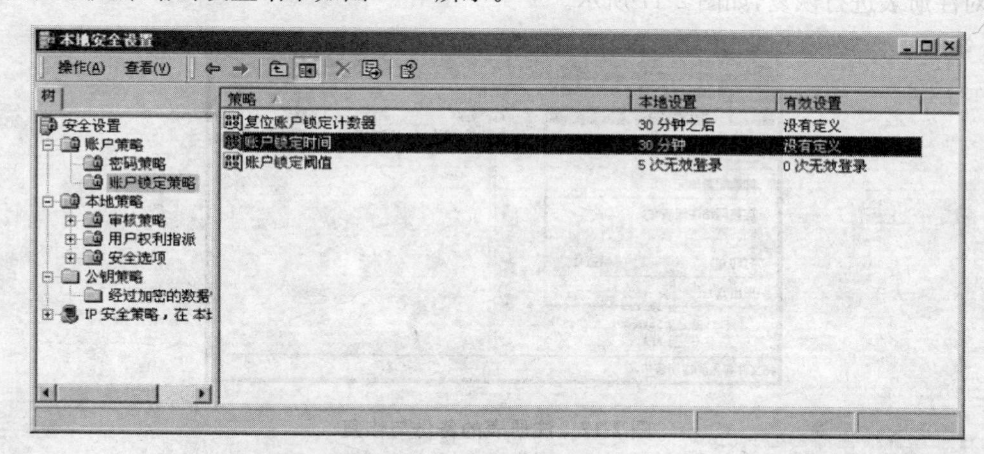

图 2-15　账户锁定策略的设置结果

(7) 备份敏感文件

虽然服务器的硬盘容量都很大，但还是应该考虑把一些重要的用户数据、敏感文件（文件、数据表和项目文件等）存放到另一个安全的服务器中，并且经常备份。最好的备份方法是将资料刻录到光盘，现在的 DVD 光盘可以存储约 4 GB 的数据。

(8) 不显示上次登录名

默认情况下，终端服务接入服务器时，登录对话框中会显示上次登录的账户名，本地的登录对话框也是一样。黑客可以得到系统的一些用户名，进而做密码猜测。

我们可以通过修改注册表禁止显示上次登录名，即在 HKEY_LOCAL_MACHINE 主键下修改子键 SOFTWARE\Microsoft\Windows NT\CurrentVersion\Winlogon\DontDisplayLastUserName 的值为 1，如图 2-16 所示。如果没有的话，则创建一个。

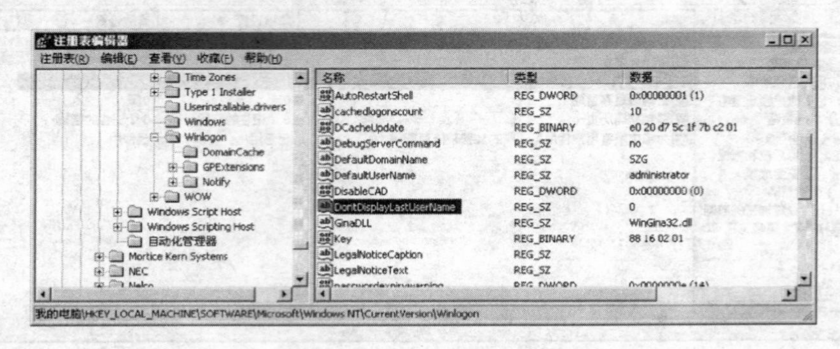

图 2-16 禁止显示上次登录用户名设置

(9) 备份注册表

注册表是不能随便改动的，除非特别有把握。因为如果注册表更改处理不好的话，可能会导致计算机不能正常启动，或是计算机某些功能不能用，甚至当将原来的更改还原回去也一样不能用。所以在更改任何一项注册表之前，最好能将注册表备份一下。当系统因为更改注册表而出问题时，可以采用恢复注册表的方法来恢复系统。

在桌面单击“开始”，选择“运行”，输入“regedit”并确定就会出现“注册表编辑器”窗口。选择“文件”菜单下的“导出”选项就是将注册表备份，选择“导入”选项就可根据原来的备份文件对注册表进行恢复，如图 2-17 所示。

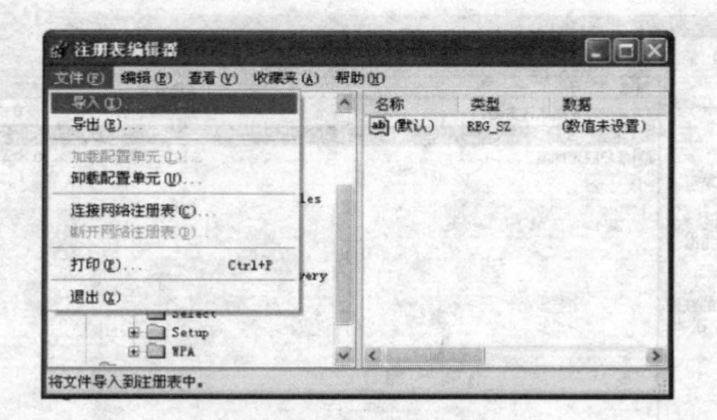

图 2-17 注册表的备份与恢复

注意：这里如果备份整个注册表的话将会花费很长的时间，也没有必要，所以往往采用备份需改动的那部分注册表就可以了。方法是选择需改动的注册表项，然后右键单击选择

"导出"就行了。

(10) 禁止建立空连接

默认情况下，任何用户通过空连接连上服务器，进而可以枚举出账户，猜测密码。这种攻击方式可以在许多黑客资料上看到。可以通过修改注册表来禁止建立空连接，在 HKEY_LOCAL_MACHINE 主键下修改子键：SYSTEM\CurrentControlSet\Control\Lsa\restrictanonymous，将键值改成"1"即可，如图 2-18 所示。

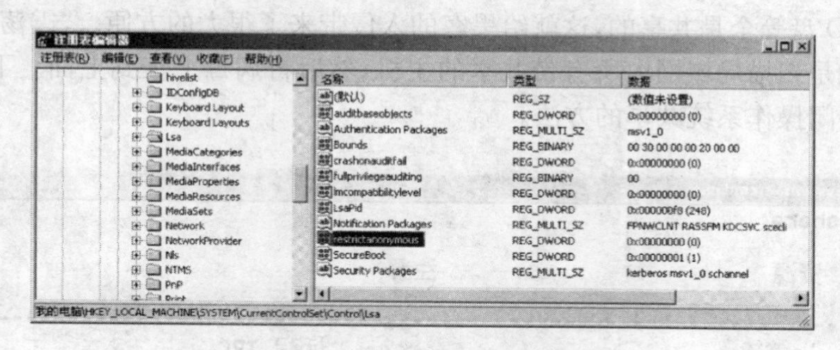

图 2-18 禁止建立空连接设置

(11) 下载最新补丁

很多网络管理员没有访问安全站点的习惯，以至于一些漏洞都出现很久了，还放着服务器的漏洞不补给人家当靶子用。因为谁也不敢保证数百万行以上代码的 Windows 2000 不出一点安全漏洞。

所以安全管理员经常访问微软和一些安全站点，下载最新的 Service Pack 和漏洞补丁，是保障服务器长久安全的可靠方法。

注意：这里可以使用一些常用的漏洞扫描软件，如流光、SSS、Nessus 等。先扫描出漏洞，然后再根据这些漏洞找补丁。

3. 高级安全配置

高级安全配置主要介绍操作系统一些高级的安全配置，包括 15 条配置原则。

(1) 关闭 Direct Draw

C2 级安全标准对视频卡和内存都有要求，关闭 Direct Draw 可能对一些需要用到 Direct DrawX的程序有影响(如游戏)，但是对于绝大多数的商业站点都是没有影响的。这样可以防止黑客利用 Direct Draw 的一些缺陷进行攻击。具体方法是在 HKEY_LOCAL_MACHINE 主键下修改子键 SYSTEM\CurrentControlSet\Control\GraphicsDrivers\DCI\Timeout，将键值改为"0"即可，如图 2-19 所示。

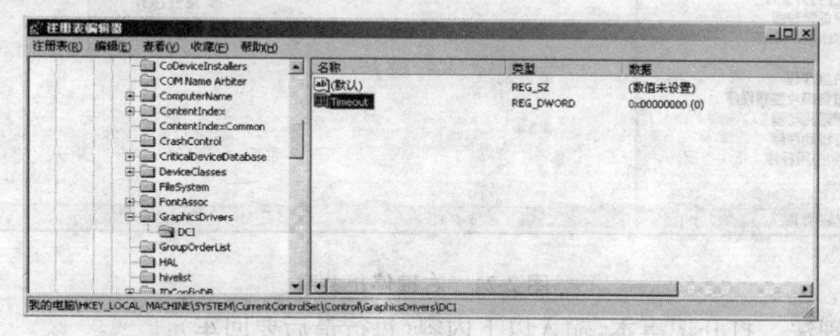

图 2-19 禁止 Direct Draw

(2) 关闭默认共享

系统的共享为用户带来了许多方便,但经常也会有病毒通过共享来侵入计算机。Windows 2000/XP/2003 版本的操作系统提供了默认共享功能,这些默认的共享都有“$”标志,意为隐含的,包括所有的逻辑盘(C$,D$,E$,…)和系统目录 WINNT 或 Windows (ADMIN$)。

这些共享,可以在 DOS 提示符下输入命令“netshare”查看,如图 2-20 所示。因为操作系统的 C 盘、D 盘等全是共享的,这就给黑客的入侵带来了很大的方便。“震荡波”病毒的传播方式之一就是扫描局域网内所有带共享的主机,然后将病毒上传到上面。下面给大家介绍 5 种可以关闭操作系统共享的方法。

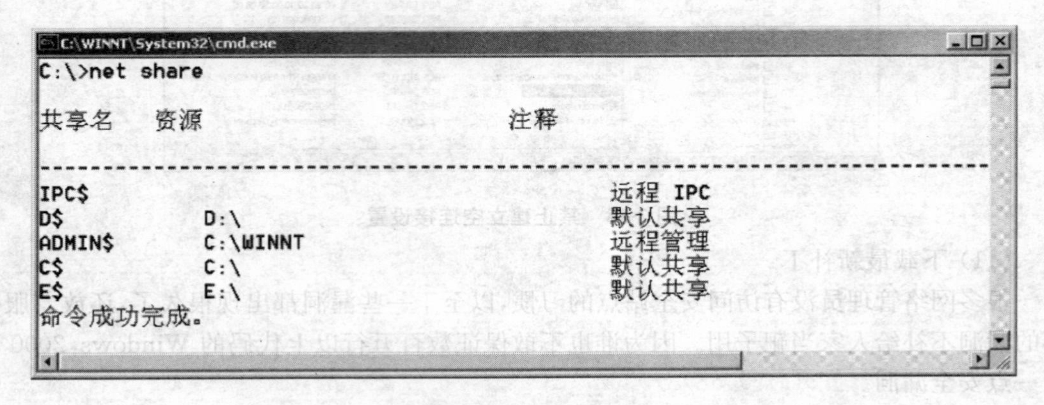

图 2-20　系统默认的共享

① 右键关闭法。打开“控制面板”→“管理工具”→“计算机管理”→“共享文件夹”→“共享”,在相应的共享文件夹上右击“停止共享”即可,如图 2-21 所示。但是细心的读者会发现,如果采用这种方法关闭共享,当用户重新启动计算机后,那些共享又会加上,所以这种方法不能从根本上解决问题。

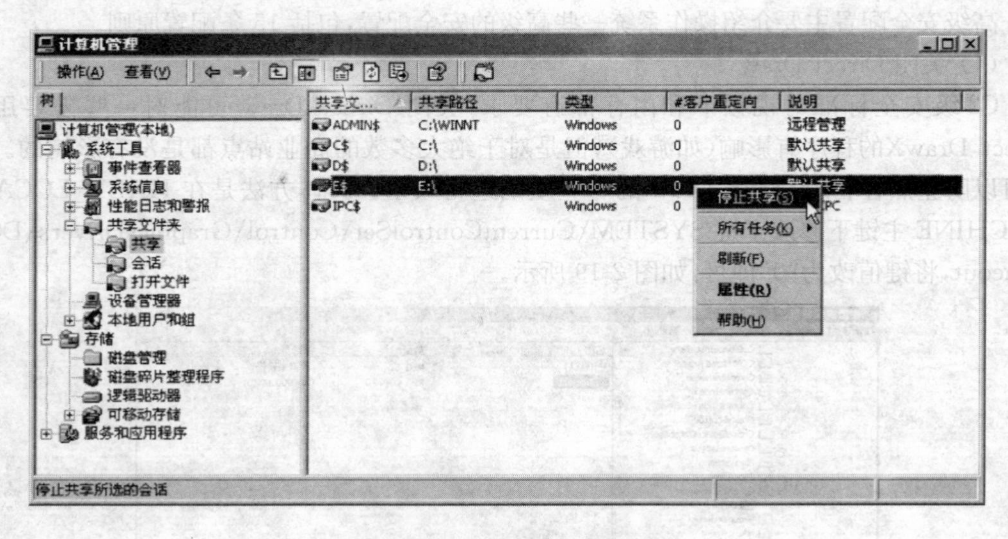

图 2-21　右键停止共享

② 批处理法。打开记事本,输入以下内容(每行最后要回车):

net share ipc$/delete
net share admin$/delete
net share c$/delete
net share d$/delete
net share e$/delete
……(有几个硬盘分区就写几行这样的命令)

将以上内容保存为NotShare.bat(注意后缀),然后把这个批处理文件拖到"程序"→"启动"项,这样每次开机就会运行它,也就是通过net命令关闭共享。如果哪一天需要开启某个或某些共享,只要重新编辑这个批处理文件即可(把相应的那个命令行删掉)。

③ 注册表改键值法。单击"开始"→"运行"→输入"regedit"→"确定"后,打开"注册表编辑器",找到"HKEY_LOCAL_MACHINE\SYSTEM\CurrentControlSet\Services\lanmanserver\parameters"项,双击右侧窗口中的"AutoShareServer"项将键值由1改为0,这样就能关闭硬盘各分区的共享。如果没有AutoShareServer项,可自己新建一个并修改键值。然后还是在这一窗口下再找到"AutoShareWks"项,也把键值由1改为0,关闭admin$共享。最后到"HKEY_LOCAL_MACHINE\SYSTEM\CurrentControlSet\Control\Lsa"项处找到"restrictanonymous",将键值设为1,关闭IPC$共享。本方法必须重启机器才能生效,但一经改动就会永远停止共享。

④ 停止服务法。这种方法最简单,打开"控制面板"的"计算机管理"窗口,单击展开左侧的"服务和应用程序"并选中其中的"服务",此时右侧就列出了所有服务项目。共享服务对应的名称是"Server"(在进程中的名称为services),找到后右击它,在弹出的菜单中选择"属性",如图2-22所示。在弹出的Server属性界面中选择"常规"选项卡,把"启动类型"由原来的"自动"更改为"已禁用"。然后单击下面"服务状态"的"停止",再单击"确定"按钮,如图2-23所示。这样,系统中所有的共享都会停止了。

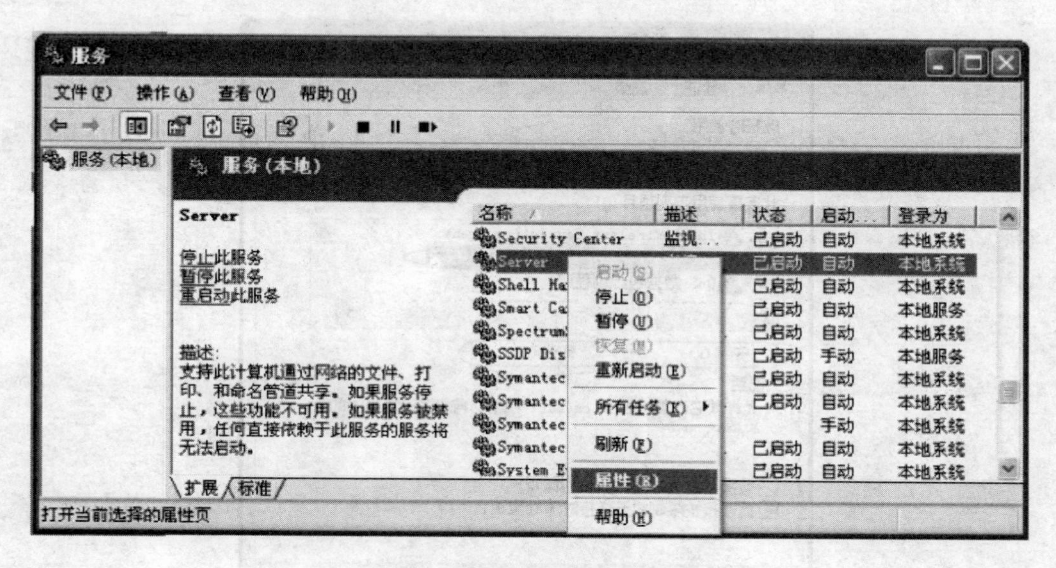

图2-22　找到"Server"服务

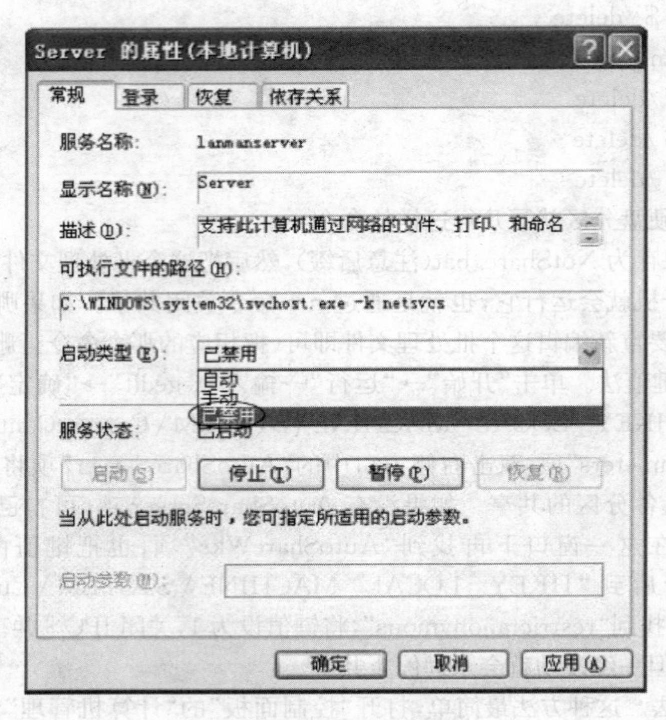

图 2-23　禁用“Server”服务

⑤ 卸载“Microsoft 网络文件和打印机共享”法。右击“网上邻居”选择“属性”,在弹出的“网络和拨号连接”窗口中右击“本地连接”选择“属性”,从“此连接使用下列选定的组件”中选中“Microsoft网络的文件和打印机共享”后,单击“卸载”按钮,再单击“确定”按钮即可,如图2-24所示。

图 2-24　卸载“Microsoft 网络的文件和打印机共享”协议

注意：本方法最大的缺陷是“Micosoft 网络的文件和打印机共享”被卸载了，以后如果再想用共享时，需要重新加载这个协议。

(3) 禁用 Dump 文件

在系统崩溃或蓝屏的时候，Dump 文件是一份很有用的资料，可以帮助我们查找问题。然而，也能够给黑客提供一些敏感信息，如一些应用程序的密码等。通常需要禁止它，打开“控制面板”→“系统属性”→“高级”→“启动和故障恢复”→把“写入调试信息”改成“无”，如图 2-25 所示。

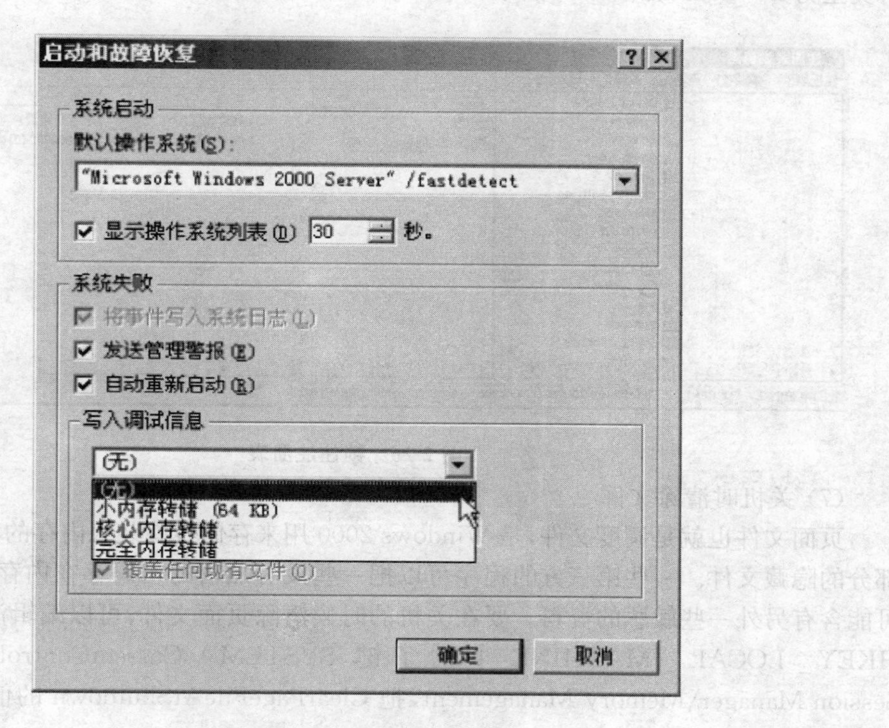

图 2-25　禁用 Dump 文件

(4) 文件加密系统

Windows 2000 强大的加密系统能够给磁盘、文件夹或文件加上一层安全保护。这样可以防止别人把硬盘挂到别的机器上以读出里面的数据。

微软公司为了弥补 Windows NT4.0 的不足，在 Windows 2000 中，提供了一种基于新一代 NTFS:NTFSv5 的加密文件系统(EncryptedFileSystem，EFS)。

EFS 实现的是一种基于公共密钥的数据加密方式，利用了 Windows 2000 中的 Cryp - toAPI结构，使用起来对于用户是透明的。用户只要右击任何一个磁盘、文件夹或文件选择高级选项里的“加密”就可完成加密。这样对于用户自己来说，用起来就好像没有加密一样。但是当黑客复制走文件时，文件却是打不开的。

(5) 加密 Temp 文件夹

一些应用程序在安装和升级的时候，会把一些东西复制到 Temp 文件夹中，但是当程序升级完毕或关闭的时候，并不会自动清除 Temp 文件夹的内容，所以给 Temp 文件夹加密可以给文件多一层保护。

一般来说，在 C 盘根目录下和 Windows 目录或 Winnt 目录下都会有一个 Temp 文件夹，最好将它加密一下。

（6）锁住注册表

在 Windows 2000 中，只有 Administrators 和 BackupOperators 才有从网络上访问注册表的权限。当账户的密码泄露以后，黑客也可以在远程访问注册表，当服务器放到网络上的时候，一般需要锁定注册表。修改 HKEY_CURRENT_USER 下的子键 Software\Microsoft\Windows\CurrentVersion\Policies\System，把 DisableRegistryTools 的值改为 0，类型为 DWORD，如图 2-26 所示。

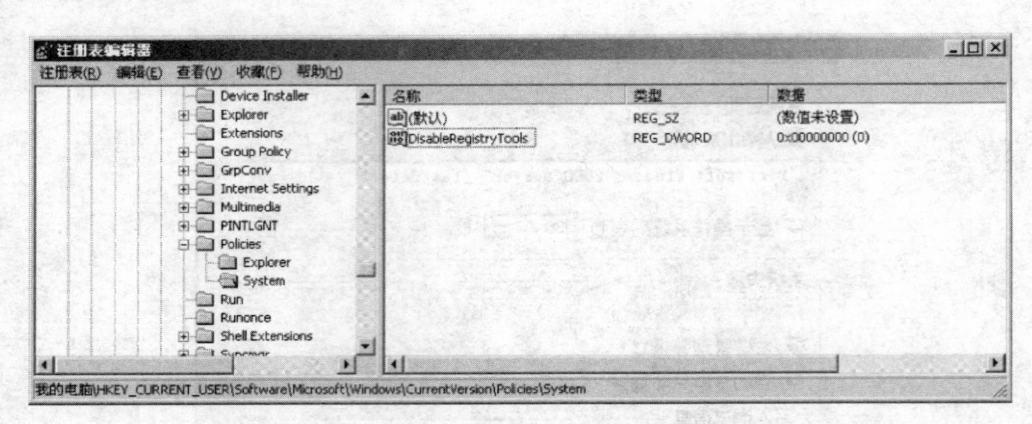

图 2-26 锁住注册表

（7）关机时清除文件

页面文件也就是调度文件，是 Windows 2000 用来存储没有装入内存的程序和数据文件部分的隐藏文件。一些第三方的程序可以把一些没有加密的密码存在内存中，页面文件中可能含有另外一些敏感的资料。要在关机的时候清除页面文件，可以编辑注册表修改主键 HKEY_LOCAL_MACHINE 下的子键 SYSTEM\CurrentControlSet\Control\Session Manager\Memory Management，把 ClearPageFileAtShutdown 的值设置成“1”，如图 2-27 所示。

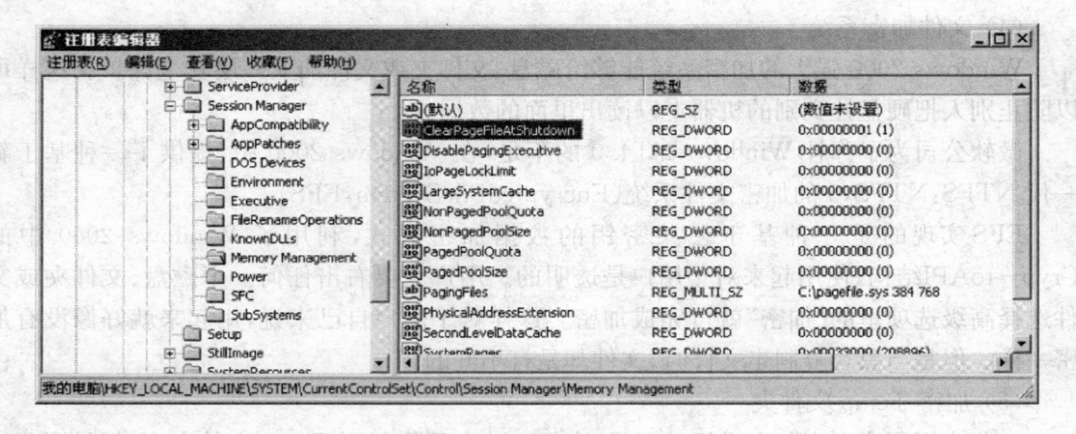

图 2-27 关机时清除文件

（8）禁止软盘或光盘启动

一些第三方的工具能通过引导系统来绕过原有的安全机制。如一些管理员工具，用软盘或者光盘引导系统后，就可以修改硬盘上操作系统的管理员密码。

如果服务器对安全要求非常高,可以考虑使用软盘和光驱,但把机箱锁起来仍然不失为一个好方法。

(9) 使用智能卡

对于密码,总是使安全管理员进退两难,容易受到一些工具的攻击,如果密码太复杂,用户为了记住密码,会把密码到处乱写。如果条件允许,用智能卡来代替复杂的密码是一个很好的解决方法。

(10) 使用 IPSec

正如其名字的含义,IPSec 提供 IP 数据包的安全性。IPSec 提供身份验证、完整性和可选择的机密性。发送方计算机在传输之前加密数据,而接收方计算机在收到数据之后解密数据。利用 IPSec 可以使得系统的安全性能大大增强。

如果条件允许,可以使用 VPN 里的 IPSec 来加密传输信息。

(11) 禁止通过 TTL 判断主机类型

黑客利用 TTL(Time - To - Live,活动时间)值可以鉴别操作系统的类型,通过 ping 指令能判断目标主机类型。ping 的用处是检测目标主机是否连通。

许多入侵者首先会 ping 一下主机,因为攻击某一台计算机需要确定对方的操作系统是 Windows 还是 Unix。如 TTL 值为 128 就可以确定系统为 Windows 2000,如图 2-28 所示。

```
C:\WINNT\System32\cmd.exe

C:\>ping 172.18.25.110

Pinging 172.18.25.110 with 32 bytes of data:

Reply from 172.18.25.110: bytes=32 time<10ms TTL=128
Reply from 172.18.25.110: bytes=32 time<10ms TTL=128
Reply from 172.18.25.110: bytes=32 time<10ms TTL=128
Reply from 172.18.25.110: bytes=32 time<10ms TTL=128

Ping statistics for 172.18.25.110:
    Packets: Sent = 4, Received = 4, Lost = 0 (0% loss),
Approximate round trip times in milli-seconds:
    Minimum = 0ms, Maximum =  0ms, Average =  0ms

C:\>_
```

图 2-28　ping 命令

从图 2-28 中可以看出,TTL 值为 128,说明该主机的操作系统是 Windows 2000。表 2-4给出了一些常见操作系统的对照值。

表 2-4　TTL 值与操作系统类型的关系

操作系统类型	TTL 返回值	操作系统类型	TTL 返回值
Windows 2000	128	IRIX	240
Windows NT	107	AIX	247
Windows 9x	128 或 127	Linux	241 或 240
Solaris	252		

修改 TTL 的值,入侵者就无法利用 TTL 值判断操作系统类型来入侵计算机了,例如将操作系统的 TTL 值改为 111,方法是修改主键 HKEY_LOCAL_MACHINE 的子键 SYSTEM\CurrentControlSet\Services\Tcpip\Parameters 中 defaultTTL 的键值。如果没

有，则新建一个双字节值 defaultTTL，如图 2-29 所示，然后将其值改为十进制的 111，如图 2-30 所示。设置完毕后重新启动计算机，再用 ping 指令，发现 TTL 的值已经被改成 111 了，如图 2-31 所示。

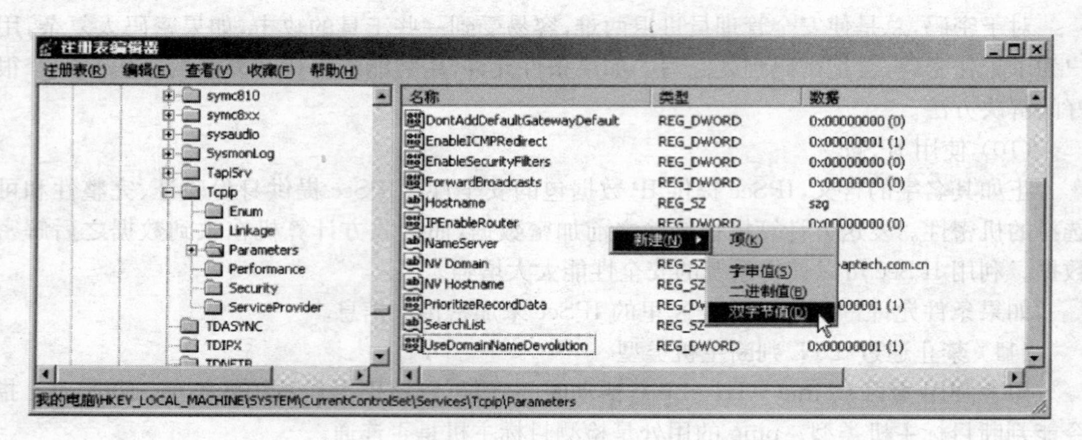

图 2-29 新建 defaultTTL 键

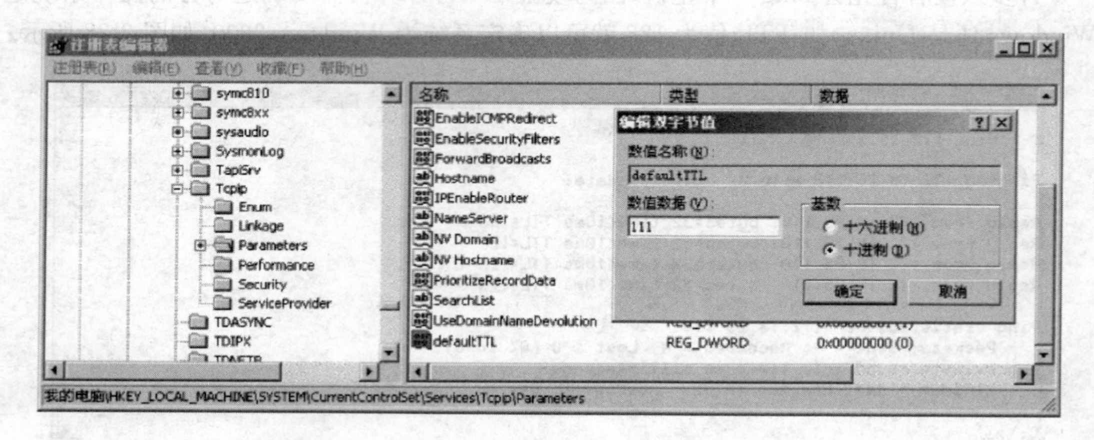

图 2-30 修改 TTL 的值

```
C:\WINNT\System32\cmd.exe
C:\>ping 172.18.25.110

Pinging 172.18.25.110 with 32 bytes of data:

Reply from 172.18.25.110: bytes=32 time<10ms TTL=111
Reply from 172.18.25.110: bytes=32 time<10ms TTL=111
Reply from 172.18.25.110: bytes=32 time<10ms TTL=111
Reply from 172.18.25.110: bytes=32 time<10ms TTL=111

Ping statistics for 172.18.25.110:
    Packets: Sent = 4, Received = 4, Lost = 0 (0% loss),
Approximate round trip times in milli-seconds:
    Minimum = 0ms, Maximum =  0ms, Average =  0ms

C:\>_
```

图 2-31 TTL 值修改成功

(12) 抵抗 DDOS 攻击

添加注册表的某些键值，可以有效地抵抗 DDOS 的攻击。在键值 HKEY_LOCAL_MACHINE\System\CurrentControlSet\Services\Tcpip\Parameters 下增加相应的键值及其说明如表 2-5 所示。

表 2-5　抵抗 DDOS 攻击表

增加的键值	键值说明
"EnablePMTU Discovery"＝dw ord:00000000 "No Name Release On Demand"＝dw ord:00000000 "Keep Alive Time"＝dw ord:00000000 "Perform Router Discovery"＝dw ord:00000000	基本设置
"Enable ICM PRedirects"＝dw ord:00000000	防止 ICMP 重定向报文的攻击
"SynAttack Proteet"＝dw ord:00000002	防止 SYN 洪水攻击
"TepMax Half Open Retried"＝dw ord:00000080 "TepMax Half Open"＝dw ord:00000100	仅在 TepMaxHalfOpen 和 TepMaxHalfOpen Retried设置超出范围时，保护机制才会采取措施
"IGM PLevel"＝dw ord:00000000	不支持 IGMP 协议
"EnableDeadGWDetect"＝dw ord:00000000	禁止死网关监测技术
"IPEnable Router"＝dw ord:00000000	支持路由功能

(13) 禁止 Guest 访问日志

在默认安装的 Windows NT 和 Windows 2000 中，Guest 账户和匿名用户可以查看系统的事件日志，这可能导致许多重要信息被泄露，我们可以通过修改注册表来禁止 Guest 访问事件日志。

① 禁止 Guest 访问应用日志。在 HKEY_LOCAL_MACHINE\SYSTEM\CurrentControlSet\Services\Eventlog\Application 键下添加键值名称为 RestrictGuestAccess，类型为 DWORD，将值设置为 1。

② 禁止 Guest 访问系统日志。在 HKEY_LOCAL_MACHINE\SYSTEM\CurrentControlSet\Services\Eventlog\System 键下添加键值名称为 RestrictGuestAccess，类型为 DWORD，将值设置为 1。

③ 禁止 Guest 访问安全日志。在 HKEY_LOCAL_MACHINE\SYSTEM\CurrentControlSet\Services\Eventlog\Security 键下添加键值名称为 RestrictGuestAccess，类型为 DWORD，将值设置为 1。

(14) 快速锁定桌面

如果临时有事，要出去几分钟，但是又不想让别人使用自己的计算机，这就需要快速锁定桌面。锁定桌面的方法之一是按“Ctrl＋Alt＋Delete”键，然后回车。这样使用起来非常麻烦。使用鼠标可以实现这样的功能吗？答案是可以的。方法如下：在桌面新建一个快捷方式，如图 2-32 所示。在出现“请键入项目位置”时，输入“％Windir％\system32\

rundll32. exeuser32. dll,LockWorkStation”,如图 2-33 所示,并且给这个快捷键取名为“锁定桌面”。建好之后,只要用鼠标双击该快捷键就可以快速锁定桌面了。

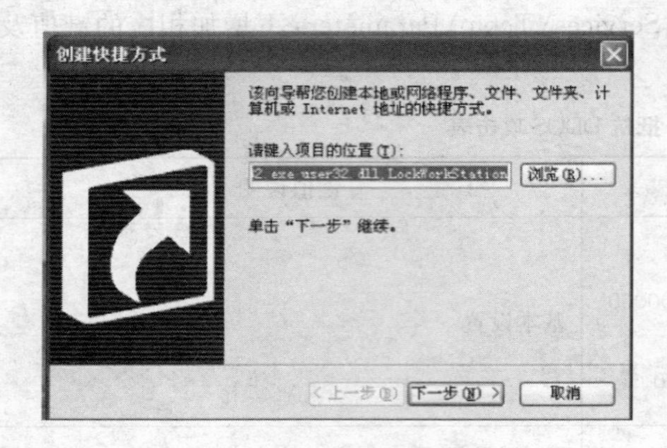

图 2-32　新建快捷键

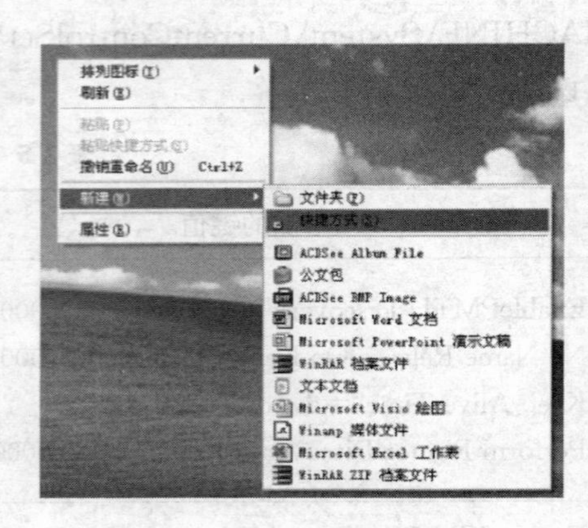

图 2-33　输入执行文件的位置

(15) 使用 syskey 对 SAM 文件增加额外的保护

① 关于 SAM 文件。SAM(Security Accounts Manager)包含有本地系统或者所控制域上所有用户的用户名和密文形式的密码,这是攻击者最感兴趣的部位。

在早期的 Windows 2000 系统当中,经常遇到忘记计算机密码而进不去系统的情况。这时通常采用的方法是通过系统的输入法漏洞进入文件系统,然后将系统里的 SAM 文件删除,这样系统的登录密码为空,就可以登录了,如图 2-34 所示。

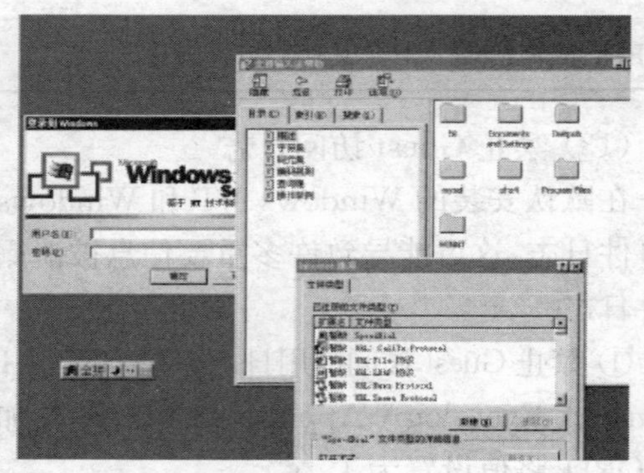

图 2-34　删除 SAM 文件进入系统

② 获取 SAM 的手段。获取 SAM 的手段有 3 种,即从一个文件系统进行复制、从关键文件的备份中获取压缩之后的 SAM 文件、在线提取密码散列值。

③ 破解工具。无论是字典破解,还是穷举攻击,都是很奏效的破解方式。通常密码破解工具有 Winternalslocksmith、Elcomsoftadancedntsecurityexplorer、lophtcrack5、OffineNTpassword®istryeditor、WindowsXP/2000/NTkey、Johntheripper。

④ SAM 文件的保护。既然 SAM 文件这么重要,那么就一定要想办法将 SAM 文件保护起来。在 Windows 操作系统中,提供了一个保护 SAM 文件的方法。方法如下:

在“开始”→“运行”→输入“cmd”→进入系统 DOS 模式。在 DOS 模式下,输入命令“syskey”,出现如图 2-35 所示对话框(注意 syskey 是系统的内部命令,在 DOS 状态下随时可以使用)。在该对话框中选择“启用加密”,按“确定”即可。但需要注意的是一旦使用这个加密，就不能取消了。

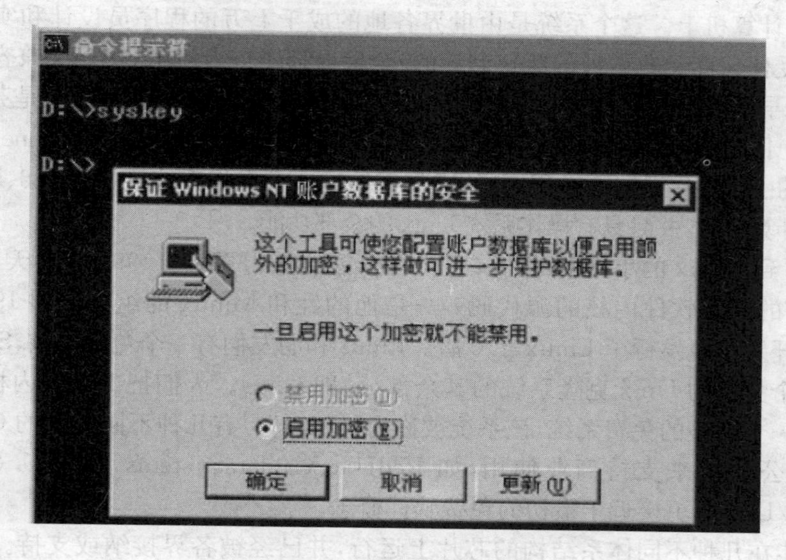

图 2-35　启用 syskey 加密

2.3.2　Linux/Unix 操作系统安全

众所周知，网络安全是一个非常重要的课题，而服务器是网络安全中最关键的环节。Linux 被认为是一个比较安全的因特网服务器操作系统。作为一种开放源代码操作系统，一旦 Linux 系统中发现有安全漏洞，因特网上来自世界各地的志愿者会踊跃修补它。Unix 系统作为一个稳定的操作系统，也有许多漏洞需要修补。然而，系统管理员往往不能及时地对 Linux/Unix 系统的漏洞进行修补，这就给黑客带来可乘之机。但是，相对于这些系统本身的安全漏洞，更多的安全问题是由不当的配置造成的，可以通过适当的配置来防止。系统运行的服务越多，不当的配置出现的机会也就越多，出现安全问题的可能性就越大。对此，本节将介绍一些增强 Linux/Unix 系统安全性配置的基本知识。

1. Linux/Unix 系统概述

1969 年，KenThompson、DennisRitchie 等人在朗讯贝尔实验室开始进行一个“little-usedPDP-7inacorner”的工作，它便是 Unix 的雏形。10 年里，Unix 在朗讯的发展经历了数个版本。V4(1974)用 C 语言重写，这成为系统间操作系统可移植性的一个里程碑。V6(1975)第一次在贝尔实验室以外使用，成为加州大学伯克利分校开发的第一个 Unix 版本的基础。

贝尔实验室继续在 Unix 上工作到 20 世纪 80 年代，有 1983 年的 System 5 版本和 1989 年的 System 4 版本。同时，加利福尼亚大学的程序员改动了朗讯发布的源代码，并衍生出 BSD(Berkeley Standard Distribution)成为第 2 个主要 Unix 版本。

Unix 操作系统是由美国贝尔实验室开发的一种多用户、多任务的通用操作系统。经过 20 多年的发展后，已经成为一种成熟的主流操作系统，并在发展过程中逐步形成了一些新的特色，其中主要特色包括 5 个方面，即可靠性高、极强的伸缩性、网络功能强、强大的数据库支持功能、开放性好。

Linux 是一套可以免费使用和自由传播的类 Unix 操作系统，主要用于基于 Intel x86 系列 CPU 的计算机上。这个系统是由世界各地的成千上万的程序员设计和实现的。其目的是建立不受任何商品化软件的版权制约的、全世界都能自由使用的 Unix 兼容产品。

Linux 最早开始于一位名叫 Linus Torvalds 的计算机业余爱好者，当时他是芬兰赫尔辛基大学的学生。目的是想设计一个代替 Minix(Minix 是由一位名叫 Andrew Tanne-baum的计算机教授编写的一个操作系统示教程序)的操作系统。这个操作系统可用于 386、486 或奔腾处理器的个人计算机上，并且具有操作系统 Unix 的全部功能。

Linus 看到 Minix 的小型 Unix 系统，觉得自己能做得更好。1991 年秋天，他发行了一个叫"Linux"的免费软件内核的源代码——是他的姓和 Minux 的组合。到 1994 年，Linus 和一个内核开发小组发行了 Linux 1.0 版。Linus 和朋友们有一个免费内核，Stallman 和朋友们拥有一个免费的 Unix 克隆系统的其余部分，即 GNU。人们把 Linux 内核和 GNU 合在一起组成一个完整的免费系统，该系统被称为"Linux"。有几种不同类别的 GNU/Linux：一些可以被公司用来支持商业使用，如 RedHat、CalderaSystems 和 S. U. S. E；其他如 DebianGNU/Linux，更接近于最初的免费软件概念。

Linux 能在几种不同体系结构的芯片上运行，并已经被各界接纳或支持。其支持者有惠普、硅谷图像和 Sun 等有较长历史的 Unix 供应商，还有康柏和戴尔等 PC 供应商以及 Oracle和 IBM 等主要软件供应商。

Linux 是一个免费的操作系统，用户可以免费获得其源代码，并能够随意修改。它是在共用许可证(General Public License, GPL)保护下的自由软件，也有好几种版本，如 RedHatLinux、Slackware 以及国内的 XteamLinux、红旗 Linux 等。Linux 的流行是因为它具有许多优点，典型的优点有：完全免费、完全兼容 POSIX1.0 标准、多用户、多任务、良好的界面、丰富的网络功能、可靠的安全和稳定性能、支持多种平台。

2. Linux/Unix 系统安全

Linux/Unix 操作系统有许多安全配置，这里只讲一些基本的安全配置，更多的还需要大家在实际工作学习中认真总结。

(1) 系统安全记录文件

操作系统内部的记录文件是检测是否有网络入侵的重要线索。如果系统直接连到因特网，会发现有很多人对系统做 Telnet/FTP 登录尝试，可以运行"# more/var/log/securegreprefused"来检查系统所受到的攻击，以便采取相应的对策，如使用 SSH 来替换 Tel-net/rlogin 等。

(2) 启动和登录安全性

① BIOS 安全。设置 BIOS 密码且修改引导次序，并禁止从软盘启动系统。

② 用户口令。用户口令是 Linux 安全的一个基本起点，很多人使用的用户口令过于简单，这等于给侵入者敞开了大门，虽然从理论上说，只要有足够的时间和资源可以利用，就没有不能破解的用户口令，但选取得当的口令是难以破解的。较好的用户口令是那些只有自己容易记忆并理解的一串字符，并且绝对不要在任何地方写出来。选择口令的原则如下：

- 严禁使用空口令和与用户名相同的口令；
- 不要选择可以在任何字典或语言中找到的口令；
- 不要选择简单字母组成的口令；
- 不要选择任何和个人信息有关的口令；

- 不要选择短于6个字符或仅包含字母或数字的口令；
- 不要选择作为口令范例公布的口令；
- 采取数字和字符混合并且易于记忆的口令。

如何保管好自己的口令呢？必须做到以下几点：

- 不要把口令写在纸上；
- 不要把口令贴到任何计算机的硬件上；
- 不要把口令以文件的形式放在计算机里；
- 不要把口令与人共享；
- 防止信任欺骗(电话、E-mail等)。

③ 默认账户。应该禁止所有默认被操作系统本身启动的并且不必要的账户，当第一次安装系统时就应该这么做，Linux提供了很多默认账户，而账户越多，系统就越容易受到攻击。

可以用下面的命令删除账户：

＃userdel 用户名

或者用以下的命令删除组用户账户：

＃groupdelusername

④ 口令文件。通过chattr命令给下面的文件加上不可更改属性，从而防止非授权用户获得权限。

＃chattr＋i/etc/passwd

＃chattr＋i/etc/shadow

＃chattr＋i/etc/group

＃chattr＋i/etc/gshadow

⑤ 禁止Ctrl＋Alt＋Delete重新启动计算机。修改/etc/inittab文件，将"ca::ctrlaltdel:/sbin/shutdown－t3－rnow"一行注释掉，然后重新设置/etc/rc. d/init. d/目录下所有文件的许可权限，运行如下命令：

＃chmod-R700/etc/rc. d/init. d/＊

这样便仅有root可以读、写或执行上述所有脚本文件。

⑥ 限制su命令。如果不想任何人能够使用su作为root，可以编辑/etc/pam. d/su文件，增加如下两行：

authsufficient/lib/security/pam_rootok. sodebug

authrequired/lib/security/pam_wheel. sogroup＝isd

这时，仅isd组的用户可以使用su作为root。此后，如果希望用户admin能够使用su作为root，可以运行如下命令：

＃usermod-G10admin

⑦ 删减登录信息。默认情况下，登录提示信息包括Linux发行版、内核版本名和服务器主机名等。对于一台安全性要求较高的机器来说这样泄露了过多的信息。可以编辑/etc/rc. d/rc. local将输出系统信息的如下行注释掉。

＃Thiswilloverwrite/etc/issueateveryboot. So，makeanychangesyou

＃wanttomaketo/etc/issuehereoryouwilllosethemwhenyoureboot

＃echo""＞/etc/issue

```
#echo"$R">>/etc/issue
#echo"Kernel $(uname - r)on $a $(uname - m)">>/etc/issue
#cp-f/etc/issue/etc/issue.net
#echo>>/etc/issue
```

然后，进行如下操作：

```
#rm-f/etc/issue
#rm-f/etc/issue.net
#touch/etc/issue
#touch/etc/issue.net
```

⑧ 保护 root。保护 root 可以采用以下方法：

• 除非必要时，一般情况下避免以超级用户登录；

• 严格限制 root 只能在某一个终端登录，远程用户可以使用/bin/su - l 来成为 root；

• 不要随意把 rootshell 留在终端上；

• 若某人确实需要以 root 来运行命令，则考虑安装 sudo 这样的工具，它能使普通用户以 root 来运行个人命令并维护日志；

• 不要把当前目录（"./"）和普通用户的 bin 目录放在 root 账户的环境变量 PATH 中；

• 永远不以 root 运行其他用户的或不熟悉的程序。

⑨ Linux 系统中为 LILO 增加开机口令。在/etc/lilo.conf 文件中增加选项，从而使 LILO 启动时要求输入口令，以加强系统的安全性。具体设置如下：

```
boot=/dev/hda
map=/boot/map
install=/boot/boot.b
time-out=60#等待1分钟
prompt
default=linux
password=
#口令设置
image=/boot/vmlinuz-2.2.14-12
label=linux
initrd=/boot/initrd-2.2.14-12.img
root=/dev/hda6
read-only
```

此时需注意，由于在 LILO 中口令是以明码方式存放的，所以还需要将 lilo.conf 的文件属性设置为只有 root 可以读写。

```
#chmod600/etc/lilo.conf
```

当然，还需要进行如下设置，使 lilo.conf 的修改生效。

```
#/sbin/lilo -v
```

⑩ 设置口令最小长度和最短使用时间。口令是系统中认证用户的主要手段，系统安装时默认的口令最小长度通常为 5，但为保证口令不易被破解，可增加口令的最小长度，至少为 8。为此，需修改文件/etc/login.defs 中的参数 PASS_MIN_LEN。同时应限制口令使用时

间，保证定期更换口令，建议修改参数 PASS_MIN_DAYS。

⑪ 用户超时注销。如果用户离开时忘记注销账户，则可能给系统安全带来隐患。可修改/etc/profile 文件，保证账户在一段时间没有操作后，自动从系统注销。

编辑文件/etc/profile，在“HISTFILESIZE=”行的下一行增加如下一行：

TMOUT=600

则所有用户将在10分钟无操作后自动注销。

(3) 限制网络访问

① NFS 访问。如果使用 NFS 网络文件系统服务，应该确保/etc/exports 具有最严格的访问权限设置，也就是意味着不要使用任何通配符、不允许 root 写权限并且只能安装为只读文件系统。编辑文件/etc/exports 并加入如下两行：

/dir/to/exporthost1. mydomain. com(ro,root_squash)

/dir/to/exporthost2. mydomain. com(ro,root_squash)

/dir/to/export 是想输出的目录，host. mydomain. com 是登录这个目录的机器名，ro 意味着 mount 成只读系统，root_squash 禁止 root 写入该目录。为了使改动生效，运行如下命令：

#/usr/sbin/exportfs - a

② Inetd 设置。首先要确认/etc/inetd. conf 的所有者是 root，且文件权限设置为 600。设置完成后，可以使用“stat”命令进行检查。

#chmod600/etc/inetd. conf

然后，编辑/etc/inetd. conf 禁止以下服务：

ftptelnetshellloginexectalkntalkimappop - 2pop - 3fingerauth

如果安装了 ssh/scp，也可以禁止掉 Telnet/FTP。为了使改变生效，运行如下命令：

#killall - HUPinetd

默认情况下，多数 Linux 系统允许所有的请求，而用 TCP_WRAPPERS 增强系统安全性是举手之劳，可以修改/etc/hosts. deny 和/etc/hosts. allow 来增加访问限制。例如将/etc/hosts. deny 设为“ALL:ALL”可以默认拒绝所有访问。然后在/etc/hosts. allow 文件中添加允许的访问。例如“sshd:192. 168. 1. 10/255. 255. 255. 0gate. openarch. com”表示允许 IP 地址 192. 168. 1. 10 和主机名 gate. openarch. com 通过 SSH 连接。配置完成后，可以用 tcpdchk 检查：

#tcpdchk

tcpchk 是 TCP_Wrapper 配置检查工具，它检查 tcpwrapper 配置并报告所有发现的潜在/存在的问题。

③ 登录终端设置。/etc/securetty 文件指定了允许 root 登录的 tty 设备，由/bin/login 程序读取，其格式是一个被允许的名字列表，可以编辑/etc/securetty 且注释掉如下的行：

#tty1

#tty2

#tty3

#tty4

#tty5

#tty6

这时，root 仅可在 tty1 终端登录。

④ 避免显示系统和版本信息。如果希望远程登录用户看不到系统和版本信息，可以通过以下操作改变/etc/inetd. conf 文件：

telnet streamtcpnowaitroot/usr/sbin/tcpdin. telnetd - h

加- h 表示 Telnet 不显示系统信息，而仅仅显示"login："。

⑤ SUID 和 SGID。什么是 SUID 和 SGID 程序呢？Unix 中的 SUID（SetUserID）/SGID(SetGroupID)设置了用户 ID 和分组 ID 属性，允许用户以特殊权利来运行程序，这种程序执行时具有宿主的权限。如 passwd 程序，它就设置了 SUID 位。

\- r - s — x — x　1rootroot10704Apr152002/usr/bin/passwd

^SUID 程序

passwd 程序执行时就具有 root 的权限。

为什么要有 SUID 和 SGID 程序呢？SUID 程序是为了使普通用户完成一些普通用户权限不能完成的事而设置的，如每个用户都允许修改自己的密码。但是修改密码时又需要 root 权限，所以修改密码的程序需要以管理员权限来运行。

SUID 程序对系统安全的威胁有哪些呢？黑客可以采用它来执行非法命令和权限提升。为了保证 SUID 程序的安全性，在 SUID 程序中要严格限制功能范围，不能有违反安全性规则的 SUID 程序存在。并且要保证 SUID 程序自身不能被任意修改。

用户可以通过检查权限模式来识别一个 SUID 程序。如果"x"被改为"s"，那么程序是 SUID。如：

ls - l/bin/su

\- rwsr - xr - x　　1rootroot12672Oct271997/bin/su

要查找系统中所有的 SUID/SGID 程序方法如下：

find

find/－typef\(－perm＋4000－or－perm＋2000\)－execls－alF{}\；

用命令 chmodu - sfile 可去掉 file 的 SUID 位。具体的方法如下：

找出 root 所属的带 s 位的程序：

＃find/－typef\(－perm－04000－o－perm－02000\)－print|less

禁止其中不必要的程序：

＃chmoda－sprogram_name

(4) 防止攻击

① 阻止 ping。如果没人能 ping 通系统，安全性自然增加了。为此，可以在/etc/rc. d/rc. local 文件中增加如下一行：

echo1＞/proc/sys/net/ipv4/icmp_echo_ignore_all

② 防止 IP 欺骗。编辑 host. conf 文件并增加如下几行来防止 IP 欺骗攻击：

orderbind，hosts

multioff

nospoofon

③ 防止 DOS 攻击

对系统所有的用户设置资源限制可以防止 DOS 类型攻击，如最大进程数和内存使用数量等。例如可以在/etc/security/limits. conf 中添加如下几行：

hardcore0

hardrss5000

hardnproc20

然后必须编辑/etc/pam. d/login 文件检查下面一行是否存在：

sessionrequired/lib/security/pam_limits. so

上面的命令禁止调试文件，限制进程数为20、限制内存使用为5 MB。

④ 防止堆栈溢出攻击。

在Unix系统中进行堆栈攻击的目标是SUID程序和服务进程，方式如下：

• 编写有漏洞的SUID程序；
• 在SUID程序堆栈中填入过长的数据，使数据覆盖返回地址；
• 执行攻击者指定的代码。

如何更好地防止堆栈溢出攻击呢？可以采用以下4种方法：

• 及时发现系统和应用程序存在的问题；
• 及时下载并修补最新的程序和补丁；
• 去掉不必要或者发生问题的SUID程序s位；
• 养成良好的编程习惯。

(5) 其他安全设置

① 禁止访问重要文件。对于系统中的某些关键性文件（如inetd. conf、services和lilo. conf等）可修改其属性，防止意外修改和被普通用户查看。

首先将文件属性设为600：

＃chmod600/etc/inetd. conf

保证文件的属主为root，然后还可以将其设置为不能改变：

＃chattr＋i/etc/inetd. conf

这样，对该文件的任何改变都将被禁止。只有root重新设置复位标志后才能进行修改：

＃chattr－i/etc/inetd. conf

② 允许和禁止远程访问。在Linux中可通过/etc/hosts. allow和/etc/hosts. deny这两个文件允许和禁止远程主机对本地服务的访问。通常的做法是：

编辑hosts. deny文件，加入下列行：

＃Denyaccesstoeveryone.

ALL：ALL@ALL

则所有服务对所有外部主机禁止，除非由hosts. allow文件指明允许。

编辑hosts. allow文件，可加入下列行：

＃Justanexample：

ftp：202. 84. 17. 11xinhuanet. com

则将允许IP地址为202. 84. 17. 11和主机名为xinhuanet. com的机器作为Client访问FTP服务。

设置完成后，可用tcpdchk检查设置是否正确。

③ 限制Shell命令记录大小。默认情况下，bashshell会在文件＄HOME/. bash_history中存放多达500条命令记录（根据具体的系统不同，默认记录条数不同）。系统中每个用户的主目录下都有一个这样的文件。

可以编辑/etc/profile 文件，修改其中的 HISTFILESIZ 或 HISTSIZE 选项，如 HISTFILEsize＝30 或 HISTSIZE＝30。

④ 注销时删除命令记录。编辑/etc/skel/. bash_logout 文件，增加如下行：

rm－f $ HOME/. bash_history

这样，系统中的所有用户在注销时都会删除其命令记录。

如果只需要针对某个特定用户，如 root 用户进行设置，则只需在该用户的主目录下修改/ $ HOME/. bash_history 文件，增加上述行即可。

⑤ 检查开机时显示的信息。Linux 系统启动时，屏幕上会滚过一大串开机信息。如果开机时发现有问题，需要在系统启动后进行检查，可输入下列命令：

＃dmesg＞bootmessage

该命令将把开机时显示的信息重定向输出到一个 bootmessage 文件中。

⑥ 磁盘空间的维护。经常检查磁盘空间对维护 Linux 的文件系统非常必要，而 Linux 中对磁盘空间维护使用最多的命令就是 df 和 du 了。

df 命令主要检查文件系统的使用情况，通常的用法是：

＃df－k

Filesystem1k－blocksUsedAvailableUse％Mountedon

/dev/hda3196715617977866768896％/

du 命令检查文件、目录和子目录占用磁盘空间的情况，通常带"－s"选项使用，用于显示需检查目录占用磁盘空间的情况，而不会显示下面的子目录占用磁盘空间的情况。

％du－s/usr/X11R6/ *

34490/usr/X11R6/bin

1/usr/X11R6/doc

3354/usr/X11R6/include

经过以上的设置，Linux/Unix 服务器已经可以对绝大多数已知的安全问题和网络攻击具有免疫能力，但一名优秀的系统管理员仍然要时刻注意网络安全动态，随时对已经暴露的和潜在的安全漏洞进行修补。

⑦ 系统安装注意事项。系统安装要注意以下几点事项：

• 使用常规介质；
• 备份可能包括改变的代码；
• 对于具有网络功能的设备只安装必要的选项；
• 系统安装结束后，打上最新的补丁程序；
• 去掉不用的用户名或者修改其密码；
• 使用第二系统来获得补丁程序；
• 在正式装补丁程序前需要校验(md5sum)；
• 随时注意并更新系统和软件补丁。

⑧ 日志审计。Linux/Unix 操作系统都具有一定的审计与日志功能，安全配置的操作系统应该充分使用这一特征。同时，应用服务进程也具有一定的日志功能，审计与日志会记录各种应用软件的事件、系统消息及用户活动，如用户登录等。

我们启用审计的目的主要是为了做到以下几点：

• 提供一种追踪用户活动的方法；

- 系统管理员可以知道系统的日常活动；
- 及时了解和处理安全事件；
- 它是一种在安全事件发生后，提供法律证据的机制。

在 Unix 中，主要的审计工具是 syslogd。通过配置这个后台进程程序，可以提供各种水平的系统审计和指定输出目录。

思　考　题

1. 如何保护计算机的 Guest 账户？
2. 如何保护 Administrator 账户？
3. 什么样的开机密码是安全的密码？
4. 如何通过计算机操作系统的操作，使得计算机只开放 21、25、80、110 端口？
5. 如何关闭计算机里面默认情况下的硬盘共享？
6. 如何改变 Windows 操作系统里的 TTL 值？
7. 在 Unix 系统里如何禁止“Ctrl＋Alt＋Delete”命令重新启动机器？
8. 在 Unix 系统里如何限制 su 命令？
9. 在 Unix 系统里如何删减登录信息？
10. 在 Unix 系统里如何保护 root？
11. 在 Unix 系统里什么是 SUID 和 SGID 程序？

第 3 章　黑客攻击防范实训

学习目标

通过对本章的学习，学生能对黑客攻击的方法及其防范有一个较深刻的认识。

通过本章的学习，应该掌握以下内容：

1. 了解黑客攻击的常见方法。
2. 掌握黑客攻击的各种防范措施。
3. 培养良好的工作习惯。
4. 理解黑客攻击防范的重要性。

黑客攻击是目前计算机网络不安全的重要因素之一，有时会给计算机用户带来巨大破坏或造成巨大经济损失。但它同时又是一把双刃剑，当我们了解各种攻击原理或攻击漏洞时，也可将之应用于社会有益方面。

黑客攻击与防范主要涉及以下 4 个方面：

① 口令攻击与防范。

② 缓冲区溢出攻击与防范。

③ 欺骗攻击与防范。

④ 远程控制与防范。

3.1　黑客攻击简介

3.1.1　什么是黑客

黑客最早源自英文 hacker，早期在美国的电脑界是带有褒义的。但在媒体报道中，黑客一词往往指那些“软件骇客”(software cracker)。黑客原指热衷于计算机技术，水平高超的电脑专家，尤其是程序设计人员。但到了今天，黑客已被用于泛指那些专门利用电脑网络搞破坏或恶作剧的家伙。对这些人的正确英文叫法是 Cracker，有人翻译成“骇客”。

黑客最早开始于 20 世纪 50 年代，最早的计算机于 1946 年在宾夕法尼亚大学诞生，而最早的黑客出现于麻省理工学院，贝尔实验室也有。最初的黑客一般都是一些高级的技术人员，他们热衷于挑战、崇尚自由并主张信息共享。

1994 年以来，因特网在全球的迅猛发展为人们提供了方便、自由和无限的财富，政治、军事、经济、科技、教育、文化等各个方面都越来越网络化，并且逐渐成为人们生活、娱乐的一部分。可以说，信息时代已经到来，信息已成为物质和能量以外维持人类社会的第三资源，它是未来生活中的重要介质。随着计算机的普及和因特网技术的迅速发展，黑客也随之出现了。

到了今天，黑客已经不是以前那种少数现象，他们已经发展成网络上的一个独特的群体。他们有着与常人不同的理想和追求，有着自己独特的行为模式。现在网络上出现了很多由一些志同道合的黑客组织起来的黑客组织。其实除了极少数的职业黑客以外，大多数都是业余的，而黑客和现实生活中的平常人没有两样，或许他就是一个普通的高中在读的学生。

有人曾经对黑客年龄、性别方面进行过调查，组成黑客的主要群体是 18～30 岁之间的年轻人，大多是男性，不过现在有很多女生也加入到这个行列。他们大多是在校的学生，因为他们有着很强的计算机爱好和充裕的时间，好奇心强，精力旺盛使他们慢慢步入黑客的殿堂。还有一些黑客有自己的事业或工作，大致分为：程序员、资深安全员、安全研究员、职业间谍、安全顾问等。当然这些人的技术和水平是刚刚入门的“小黑客”无法相比的，不过他们也是一步一步地走过来的。

黑客的行为主要有以下几种：

1. 学习技术

因特网上的新技术一旦出现，黑客就必须立刻学习，并用最短的时间掌握这项技术，这里所说的掌握并不是一般的了解，而是阅读有关的“协议(rfc)”、深入了解此技术的机理，否则一旦停止学习，那么以他以前掌握的内容，并不能维持“黑客身份”超过一年。

初学者要学习黑客的知识是比较困难的，因为他们没有基础，所以要学习非常多的基础知识，然而今天的因特网给读者带来了很多的信息，这就需要初级学习者进行选择：太深的内容可能会给学习带来困难；太“花哨”的内容对学习黑客又没有用处。所以初学者不能贪多，应该尽量寻找一本适合自己的完整教材、循序渐进地进行学习。

2. 伪装自己

黑客的一举一动都会被服务器记录下来，所以黑客必须伪装自己以使得对方无法辨别其真实身份，如伪装自己的 IP 地址、使用跳板逃避跟踪、清理记录扰乱对方线索、巧妙躲开防火墙等，这些都需要有熟练的技巧。

伪装是需要非常过硬的基本功才能实现的，这对于初学者来说称得上“大成境界”了，也就是说初学者不可能在较短时间内学会伪装，所以初学者不要利用自己学习的知识对网络进行攻击，否则一旦行迹败露，最终害的还是自己。

3. 发现漏洞

漏洞对黑客来说是最重要的信息，黑客要经常学习别人发现漏洞的方法，并努力自己寻找未知漏洞，并从海量的漏洞中寻找有价值的、可被利用的漏洞进行试验，当然他们最终的目的是通过漏洞进行破坏或修补这个漏洞。

黑客对寻找漏洞的执著是常人难以想象的，他们的口号是“打破权威”，从一次又一次的黑客实践中，黑客用自己的实际行动向世人印证了这一点——世界上没有“不存在漏洞”的程序。在黑客眼中，所谓的“天衣无缝”只不过是还“没有找到”漏洞而已。

4. 利用漏洞

对于正派黑客来说，漏洞要被修补；对于邪派黑客来说，漏洞要用来搞破坏。而他们的基本前提是“利用漏洞”，黑客利用漏洞可以做下面的事情：

(1) 获得系统信息

有些漏洞可以泄露系统信息，暴露敏感资料，从而进一步入侵系统。

(2) 入侵系统

通过漏洞进入系统内部，或取得服务器上的内部资料，或完全掌管服务器。

(3) 寻找下一个目标

一个胜利意味着下一个目标的出现，黑客应该充分利用自己已经掌管的服务器作为工具，寻找并入侵下一个系统。

(4) 做一些好事

正派黑客在完成上面的工作后，就会修复漏洞或者通知系统管理员，做出一些维护网络安全的事情。

(5) 做一些坏事

邪派黑客在完成上面的工作后，会判断服务器是否还有利用价值。如果有利用价值，他们会在服务器上植入木马或者后门程序，便于下一次来访；而对没有利用价值的服务器他们决不留情，系统崩溃会让他们有无限的快感。

3.1.2 黑客攻击简介

黑客攻击(Hacker Attack)是指黑客破解或破坏某个程序、系统及网络安全的过程。尽管黑客攻击能力有高低之分，入侵手段多样，但他们对目标攻击的流程大致相同，即大致分为踩点、扫描、获取访问权、窃取、掩盖踪迹、创建后门等 6 个步骤。而黑客攻击目的也不尽相同，有“善意”和“恶意”之分，即所谓的白帽和黑帽。

1. 黑客攻击的目的

(1) 进程的执行

黑客在登上目标主机后，一般都会运行一些程序，这些程序通常具有破坏性或只是消耗一些 CPU 的时间。但大多是运行网络监听软件，以获取非法信息。

(2) 获取文件和传输中的数据

黑客攻击目标一般是目标机中的重要数据，因此他们一旦登上目标主机，或是使用网络监听进行攻击事实，或盗取目标机上的重要数据。如将当前用户文件系统中的/etc/hosts 或/etc/passwd 复制回去。

(3) 获取超级用户的权限

具有超级用户的权限，意味着可以对目标主机做任何事情，这对黑客无疑是莫大的诱惑。在 Unix 系统中支持网络监听程序必须有这种权限，因此在一个局域网中，掌握了一台主机的超级用户权限，才可以说掌握了整个子网。

(4) 对系统的非法访问

很多系统不允许非授权用户访问，如金融系统的网络。因此，必须以一种非常规的行为来得到访问的权力，即非法访问。

(5) 涂改信息

涂改信息是指对目标机中的重要文件进行修改、更换、删除等，是一种非常恶劣的攻击行为。它将给用户造成重大损失。

2. 黑客攻击的流程

(1) 踩点

"踩点"原意为策划一项盗窃活动的准备阶段。在黑客攻击领域,"踩点"是传统概念的电子形式。"踩点"的主要目的是获取目标的如下信息:网络域名、网址分配、邮件交换主机、电话号码、VPN 访问点、连接类型及访问控制机制等。

(2) 扫描

通过"踩点"已获得一定的信息(如 IP 地址范围、DNS 服务器地址、邮件服务器地址等),下一步需要确定目标网络范围内哪些系统是"活动"的以及它们提供哪些服务。扫描的目的是使黑客对目标系统所提供的各种服务进行评估,以便集中精力在最有希望的途径上发动攻击。

扫描常采用的技术有:Ping 扫描、TCP/UDP 端口扫描、操作系统检测以及旗标的获取等。

(3) 获取访问权

只有获取目标系统的访问权才能完成对目标系统的入侵。对 Windows 系统采用的技术主要有 NetBIOS-SMB 密码猜测、窃听 LM 等;对 Unix 系统采用的技术主要有蛮力密码攻击、密码窃听等。

(4) 窃取

窃取即进行一些敏感数据的篡改、添加、删除及复制,并通过对敏感数据的分析,为进一步攻击应用系统做准备。

(5) 掩盖踪迹

黑客入侵系统一般都会留下痕迹,所以黑客入侵得手后首要工作是清除所有入侵痕迹,避免自己被检测出来,以便日后再次返回入侵。掩盖踪迹的主要工作有禁止系统审计、清空事件日记、隐藏作案工具等。

(6) 创建后门

黑客在受害系统中创建后门或陷阱是为以后再次光临做准备。创建后门的主要方法有创建具有特权的虚假用户账号、安装批处理、安装远程控制工具、使用木马程序替换系统程序等。

3.2　任务 4:口令攻击及防范

3.2.1　口令攻击简介

口令攻击是黑客常用的攻击手段之一。攻击者攻击目标时常常把破译用户的口令作为攻击的开始。只要攻击者能破解或者确定用户的口令,他就能获得机器或者网络的访问权,并能访问到用户能访问到的任何资源。如果这个用户有域管理员或 root 用户权限,这是极其危险的。这种方法的前提是必须先得到该主机上的某个合法用户的账号,然后再进行合法用户口令的破译。

3.2.2 口令攻击的方法

1. 通过网络监听得到用户口令

该类方法有一定的局限性,但危害性极大。监听者往往采用中途截击的方法,这也是获取用户账户和密码的一条有效途径。当前,很多协议根本就没有采用任何加密或身份认证技术,如在 Telnet、FTP、HTTP、SMTP 等传输协议中,用户账户和密码信息都是以明文格式传输的,此时若攻击者利用数据包截取工具便很容易收集到你的账户和密码。还有一种中途截击攻击方法,它在你同服务器端完成"三次握手"建立连接之后,在通信过程中扮演"第三者"的角色,假冒服务器身份欺骗你,再假冒你向服务器发出恶意请求,其后果不堪设想。另外,攻击者有时还会利用软件和硬件工具时刻监视系统主机的工作,等待并记录用户登录信息,从而取得用户密码;或者编制有缓冲区溢出错误的 SUID 程序来获得超级用户权限。

2. 利用一些专门软件强行破解用户口令

这种方法是在知道用户账号后利用一些专门软件强行破解用户口令,该方法不受网段限制,但攻击者要有足够的耐心和时间。例如采用字典穷举法(或称暴力法)来破解用户的密码。攻击者可以通过一些工具程序,自动地从电脑字典中取出一个单词,作为用户的口令,再输入给远端的主机,申请进入系统;若口令错误,就按序取出下一个单词,进行下一个尝试,并一直循环下去,直到找到正确的口令或字典的单词试完为止。由于这个破译过程由计算机程序来自动完成,因而几个小时就可以把上十万条记录的字典里所有单词都尝试一遍。

3. 利用系统管理员的失误

在 Unix 操作系统中,用户的基本信息存放在 passwd 文件中,而所有的口令则经过 DES 加密方法加密后存放在一个叫 shadow 的文件中。黑客们获取口令文件后,就会使用专门破解 DES 加密法的程序来破解口令。同时,由于为数不少的操作系统都存在许多安全漏洞、Bug 或一些其他设计缺陷,这些缺陷一旦被找出,黑客就可以长驱直入。例如让 Windows 95/98 系统后门洞开的 BO 就是利用了 Windows 的基本设计缺陷放置特洛伊木马程序。特洛伊木马程序可以直接侵入用户的电脑并进行破坏,它常被伪装成工具程序或者游戏等诱使用户打开带有特洛伊木马程序的邮件附件或从网上直接下载,一旦用户打开了这些邮件的附件或者执行了这些程序之后,它们就会像古特洛伊人在敌人城外留下的藏满士兵的木马一样留在电脑中,并在计算机系统中隐藏一个可以在 Windows 启动时悄悄执行的程序。当你连接到因特网上时,这个程序就会通知攻击者,来报告你的 IP 地址以及预先设定的端口。攻击者在收到这些信息后,再利用这个潜伏在其中的程序,任意地修改你的计算机的参数设定、复制文件、窥视整个硬盘中的内容等,从而达到控制你的计算机的目的。

3.2.3 口令攻击的类型

1. 字典攻击

因为多数人使用普通词典中的单词作为口令,发起词典攻击通常是较好的开端。词典攻击使用一个包含大多数词典单词的文件,用这些单词猜测用户口令。使用一部 1 万个单词的词典一般能猜测出系统中 70%的口令。在多数系统中，和尝试所有的组合相比，词典攻击能在较短的时间内完成。

2. 强行攻击

许多人认为如果使用足够长的口令，或者使用足够完善的加密模式，就能有一个攻不破的口令。事实上没有攻不破的口令，这只是个时间问题。如果有速度足够快的计算机能尝试字母、数字、特殊字符所有的组合，将最终破解所有的口令。这种类型的攻击方式叫强行攻击。使用强行攻击，先从字母 a 开始，尝试 aa、ab、ac 等等，然后尝试 aaa、aab、aac 等等。

攻击者也可以利用分布式攻击。如果攻击者希望在尽量短的时间内破解口令，他不必购买大量昂贵的计算机，他会闯入几个有大批计算机的公司并利用他们的资源破解口令。

3. NTCrack

NTCrack 是 Unix 破解程序的一部分，但是必须在 NT 环境下破解。NTCrack 与 Unix 中的破解类似，但是 NTCrack 在功能上非常有限。它不像其他程序一样提取口令，它和 NTSweep 的工作原理类似，必须给 NTCrack 一个 user id 和要测试的口令组合，然后程序会告诉用户是否成功。

4. PWDump2

PWDump2 不是一个口令破解程序，但是它能用来从 SAM 数据库中提取口令。L0phtCrack 已经内建了这个特征，但是 PWDump2 还是很有用的。首先，它是一个小型的、易使用的命令行工具，能提取口令；其次，目前很多情况下 L0phtCrack 的版本不能提取口令。如 SYSTEM 是一个能在 NT 下运行的程序，为 SAM 数据库提供了很强的加密功能，如果 SYSTEM 在使用，L0phtcrack 就无法提取口令，但是 PWDump2 还能使用；而且要在 Windows 2000 下提取口令，必须使用 PWDump2，因为系统使用了更强的加密模式来保护信息。

3.2.4　口令攻击及防范实训

1. 实验背景

口令作为因特网和计算机系统管理的主要安全保证措施被广泛地运用在计算机的各个领域，它起着保证我们的计算机和计算机系统，以及我们在因特网上的私密信息安全的作用，如我们的计算机管理员的账号和密码，电子邮件的账号和密码，网上银行的账号和密码等。但是它本身也存在安全缺陷或者安全漏洞等。

2. 实验目的

实验的目的是防止对方获取自己的权限。通过本实验，我们要了解口令攻击的基本步骤和方法，认识弱口令的危害，掌握强壮口令设置的一般原则。通过本实验，了解各种常见口令的破解方法及其防范措施。

3. 实验内容

利用 X-Scan 软件进行 FPT 口令破解及防范，进行 Windows 账号破解及防范，强壮口令的设置。

4. 实验设备

安装有 Windows 2000 操作系统的主流配置 PC。

5. 实验步骤

略。

6. 口令攻击防范措施

(1) 保护系统口令

口令是访问控制的简单而有效的方法,只要口令保持机密,非授权用户就无法使用该账号。尽管如此,由于它只是一个字符串,一旦被别人知道了,口令就不能提供任何安全了。

怎样选择一个安全的口令?好的口令应遵循以下规则:

① 选择长口令,口令越长,黑客猜中的概率就越低。

② 最好的口令是英文字母和数字的组合。

③ 不要使用英语单词,因为很多人喜欢使用英文单词作为口令,口令字典收集了大量的口令,有意义的英语单词在口令字典中出现的概率比较大。有效的口令是那些自己知道但不广为人知的首字母缩写组成的,例如"We often shop in Wangjing Street"能用来产生口令"wosws",用户可以轻易记住或推出该口令,但其他人却很难猜测到。入侵者经常使用finger或ruser命令来发现系统上的账号名,然后猜测对应的口令。如果入侵者可以读取passwd文件,他们会将口令文件传输到另外的机器上并用"猜口令程序"来破解口令。这些程序使用庞大的字典搜索,而且运行速度很快(即使在速度很慢的机器上)。对于口令不加任何防范的系统,这种程序可以很容易地猜出几个用户口令。

④ 用户若可以访问多个系统,则不要使用相同的口令。如果使用相同的口令,而其中一个系统出了问题,则另外的系统也就不安全了。

⑤ 不要使用自己的名字、家人的名字、宠物的名字、生日、家庭住址等作为口令。因为这些可能是入侵者最先尝试的口令,尽管它们最便于记忆。

⑥ 别选择记不住的口令,这样会给自己带来麻烦,用户可能会把它放在什么地方,如计算机周围、记事本上或某个文件中,而作为用户不能肯定这些东西会不会被入侵者看到。

⑦ 使用Unix安全程序,如passwd+和npasswd程序来测试口令的安全性。passwd+是一个分析口令的应用程序,它可以从下面的站点地址获取:ftp://ftp. dartmourh. edu/pub/security/passed+. tar。npasswd程序是passwd命令的替代品,它合并了一个不允许简单口令的检查系统。

除了选择一个比较安全的口令外,用户也应该定期修改自己的口令。不要将口令告诉他人,不要几个人共享一个口令。

(2) 防毒

定期检查病毒并对引入的软盘或在网上下载的软件和文档加以安全控制,及时更新杀毒软件的版本。下载软件时尽量不要光顾那些不知底细的个人网站,而应去专业的下载站点,不仅安全,而且速度也有保证。

(3) 建立防火墙

这是一种很有效的防范措施,虽然防火墙是网络安全体系中极为重要的一环,但并不是唯一的一环,也不能因为有防火墙而认为可以高枕无忧。首先,防火墙不能防止内部的攻击,因为它只提供对网络边缘的防卫。其次,防火墙不能解决怀有恶意的代码:病毒和特洛伊木马。病毒,大家都知道,那什么是特洛伊木马呢?它如口令嗅探者,把自己伪装起来,让管理员认为这是一个正常的程序,实际上它是一个破坏程序。虽然现在有些防火墙可以检查病毒和特洛伊木马,但这些防火墙只能阻挡已知的恶毒程序。

(4) 仔细阅读日志

仔细阅读日志，可帮助发现被入侵的痕迹，以便及时采取弥补措施，其中绝大多数 Unix 系统用户登录成功或不成功时都会记下这次登录操作，在下次登录时将把这一情况告诉用户，如 Last Login: Sun Sep 2 14:30 on console。如果用户发现和实际情况不符合，比如在信息提示的那段时间并没有登录到机器上，或在该时间里用户并没有登录失败而信息却说登录失败，这就说明有人盗用了机器的账号，这时用户就应立刻更改 passwd，否则将会受到更大损害。

随着技术的不断进步，各种各样高明的黑客会不断诞生，同时，他们使用的手段也会越来越先进，要斩断他们的黑手是不可能的。我们唯有不断加强防火墙等的研究力度，加上平时必要的警惕，相信黑客们的舞台将会越来越小。

7. 实验总结

本实验中通过口令对目标主机进行攻击，首先获得目标主机的 IP，然后利用 X-Scan 对目标主机进行扫描，发现弱口令，最后利用文件共享漏洞成功入侵到目标主机。在实验中，得到目标主机的口令是难点，因为在实际中的口令要复杂得多。X-Scan 利用字典攻击获取口令时间较长。本次实训不是让读者掌握口令攻击的方法，而是希望读者在了解口令攻击的基本方法后，按照前文所述的相关防范措施进行防范，从而达到保护计算机的目的，希望读者不要歪曲或者误解了编者的好意。

3.3　任务 5：缓冲区溢出攻击及防范

缓冲区溢出是一个非常普遍、非常危险的漏洞，在各种操作系统、应用软件中广泛存在。问题的根源在于，向一个有限空间的缓冲区拷贝了过长的字符串，它带来了两种后果：一是过长的字符串覆盖了相邻的存储单元，引起程序运行失败，严重的会导致死机、系统重启；二是利用这种漏洞可以执行任意指令，甚至可以取得系统特权，由此引发许多攻击。

3.3.1　缓冲区溢出简介

缓冲区溢出是指当计算机向缓冲区内填充数据位数时超过了缓冲区本身的容量，溢出的数据覆盖在合法数据上，理想的情况是程序检查数据长度并不允许输入超过缓冲区长度的字符，但是绝大多数程序都会假设数据长度总是与所分配的储存空间相匹配的，这就为缓冲区溢出埋下隐患。操作系统所使用的缓冲区又被称为“堆栈”。在各个操作进程之间，指令会被临时储存在“堆栈”当中，“堆栈”也会出现缓冲区溢出。

在当前网络与分布式系统安全中，被广泛利用的 50%以上都是缓冲区溢出，其中最著名的例子是 1988 年利用 fingerd 漏洞的蠕虫，而缓冲区溢出中，最为危险的是堆栈溢出，因为入侵者可以利用堆栈溢出，在函数返回时改变返回程序的地址，让其跳转到任意地址，带来的危害一种是程序崩溃导致拒绝服务，另外一种就是跳转并且执行一段恶意代码，比如得到 shell，然后为所欲为。

通过往程序的缓冲区写超出其长度的内容，造成缓冲区的溢出，从而破坏程序的堆栈，造成程序崩溃或使程序转而执行其他指令，以达到攻击的目的。造成缓冲区溢出的原因是程序中没有仔细检查用户输入的参数。当然，随便往缓冲区中填东西造成它溢出一般只会出现“分段错误”(Segmentation Fault)，而不能达到攻击的目的。最常见的手段是通过制造缓冲区溢出使程序运行一个用户 shell，再通过 shell 执行其他命令。如果该程序属于 root 且有 suid 权限的话，攻击者就获得了一个有 root 权限的 shell，可以对系统进行任意操作。

缓冲区溢出攻击之所以成为一种常见安全攻击手段，其原因在于缓冲区溢出漏洞普遍存在，易于实现，而且，缓冲区溢出漏洞给予了攻击者所想要的一切：植入并且执行攻击代码。被植入的攻击代码以一定的权限运行有缓冲区溢出漏洞的程序，从而得到被攻击主机的控制权。在 1998 年 Lincoln 实验室用来评估入侵检测的 5 种远程攻击中，有 2 种是缓冲区溢出。而在 1998 年 CERT 的 13 份建议中，有 9 份是与缓冲区溢出有关的，在 1999 年，至少有半数的建议是和缓冲区溢出有关的。在 Bugtraq 的调查中，有 2/3 的被调查者认为缓冲区溢出漏洞是一个很严重的安全问题。

3.3.2 缓冲区溢出漏洞和攻击

缓冲区溢出攻击的目的在于扰乱具有某些特权运行程序的功能，这样可以使得攻击者取得程序的控制权，如果该程序具有足够的权限，那么整个主机就被控制了。一般而言，攻击者攻击 root 程序，然后执行类似“exec(sh)”的执行代码来获得 root 权限的 shell。为了达到这个目的，攻击者必须达到如下的两个目标：

① 在程序的地址空间里安排适当的代码。

② 通过适当的初始化寄存器和内存，让程序跳转到入侵者安排的地址空间执行。

可以根据这两个目标来对缓冲区溢出攻击进行分类。分类的基准是攻击者所寻求的缓冲区溢出程序的空间类型。原则上可以是任意的空间。实际上，许多的缓冲区溢出是用暴力的方法来寻求改变程序指针的。这类程序不同之处就是程序空间的突破和内存空间的定位不同。主要有以下三种：

1. 活动记录(Activation Records)

每当一个函数调用发生时，调用者会在堆栈中留下一个活动记录，它包含了函数结束时返回的地址。攻击者通过溢出堆栈中的自动变量，使返回地址指向攻击代码。当函数调用结束时，通过改变程序的返回地址，程序就跳转到攻击者设定的地址，而不是原先的地址。这类缓冲区溢出被称为堆栈溢出攻击(Stack Smashing Attack)，是目前最常用的缓冲区溢出攻击方式。

2. 函数指针(Function Pointers)

函数指针可以用来定位任何地址空间。例如“void(*foo)()”声明了一个返回值为 void 的函数指针变量 foo。所以攻击者只需在任何空间内的函数指针附近找到一个能够溢出的缓冲区，然后通过溢出这个缓冲区来改变函数指针。在某一时刻，当程序通过函数指针调用函数时，程序的流程就按攻击者的意图实现了。它的一个攻击范例就是在 Linux 系统下的 superprobe 程序。

3. 长跳转缓冲区(Longjmp Buffers)

在 C 语言中包含了一个简单的检验/恢复系统，称为 setjmp/longjmp。意思是在检验点设定“setjmp(buffer)”，用“longjmp(buffer)”来恢复检验点。然而，如果攻击者能够进入缓冲区的空间，那么“longjmp(buffer)”实际上是跳转到攻击者的代码。像函数指针一样，longjmp缓冲区能够指向任何地方，所以攻击者所要做的就是找到一个可供溢出的缓冲区。一个典型的例子就是Perl 5.003的缓冲区溢出漏洞，攻击者首先进入用来恢复缓冲区溢出的longjmp缓冲区，然后诱导进入恢复模式，这样就使Perl的解释器跳转到攻击代码上了。

3.3.3　缓冲区溢出攻击的防范方法

缓冲区溢出攻击占了远程网络攻击的绝大多数，这种攻击可以使得一个匿名的因特网用户有机会获得一台主机的部分或全部的控制权。如果能有效地消除缓冲区溢出漏洞，则很大一部分的安全威胁可以得到缓解。

目前有4种基本方法保护缓冲区免受缓冲区溢出的攻击和影响。① 通过操作系统使得缓冲区不可执行，从而阻止攻击者植入攻击代码。② 强制写正确代码的方法。③ 利用编译器边界检查来实现缓冲区的保护。这个方法使得缓冲区溢出不可能出现，从而完全消除了缓冲区溢出的威胁，但是相对而言代价比较大。④ 在程序指针失效前进行完整性检查。虽然这种方法不能使得所有的缓冲区溢出失效，但它能阻止绝大多数的缓冲区溢出攻击。

下面简要介绍几种常用的防范手段：

1. 非执行的缓冲区

通过使被攻击程序的数据段地址空间不可执行，从而使得攻击者不可能执行受攻击程序输入缓冲区中被植入的代码，这种技术被称为非执行的缓冲区技术。在早期的Unix系统设计中，只允许程序代码在代码段中执行。但是近来的Unix和MS Windows系统由于要实现更好的性能和功能，往往在数据段中动态地放入可执行的代码，这也是缓冲区溢出的根源。为了保持程序的兼容性，不可能使得所有程序的数据段不可执行。但是可以设定堆栈数据段不可执行，这样就可以保证程序的兼容性。Linux和Solaris都发布了有关这方面的内核补丁。因为几乎没有任何合法程序会在堆栈中存放代码，这种做法几乎不产生任何兼容性问题，除了在Linux中的两个特例，这时可执行的代码必须被放入堆栈中。

2. 信号传递

Linux通过向进程堆栈释放代码然后引发中断来执行在堆栈中的代码来实现向进程发送Unix信号。非执行缓冲区的补丁在发送信号的时候是允许缓冲区可执行的。

3. GCC的在线重用

研究发现GCC在堆栈区里放置了可执行的代码作为在线重用之用。然而，关闭这个功能并不产生任何问题，只有部分功能似乎不能使用。非执行堆栈的保护可以有效地对付把代码植入自动变量的缓冲区溢出攻击，而对于其他形式的攻击则没有效果。通过引用一个驻留程序的指针，就可以跳过这种保护措施。其他的攻击可以采用把代码植入堆栈或者静态数据段中来跳过保护。

4. 编写正确的代码

编写正确的代码是一件非常有意义的工作，特别像编写C语言这种风格自由而容易出错的程序，这种风格是由于追求性能而忽视正确性的传统引起的。尽管花了很长的时间使得人们知道了如何编写安全的程序，但是具有安全漏洞的程序依旧出现。因此人们开发了一些工具和技术来帮助经验不足的程序员编写安全正确的程序。

最简单的方法就是用 grep 来搜索源代码中容易产生漏洞库的调用，比如对 strcpy 和 sprintf 的调用，这两个函数都没有检查输入参数的长度。事实上，各个版本 C 语言的标准库均有这样的问题存在。

此外，人们还开发了一些高级的查错工具，如 fault injection 等。这些工具的目的在于通过人为随机地产生一些缓冲区溢出来寻找代码的安全漏洞。还有一些静态分析工具用于侦测缓冲区溢出的存在。

虽然这些工具帮助程序员开发更安全的程序，但是由于 C 语言的特点，这些工具不可能找出所有的缓冲区溢出漏洞。所以，侦错技术只能用来减少缓冲区溢出的可能，并不能完全消除它的存在。

缓冲区溢出是代码中固有的漏洞，除了在开发阶段要注意编写正确的代码之外，对于用户而言，一般的防范措施为：

① 关闭端口或服务。管理员应该知道自己的系统上安装了什么，并且哪些服务正在运行。
② 安装软件厂商的补丁。漏洞一公布，大的厂商就会及时提供补丁。
③ 在防火墙上过滤特殊的流量，但无法阻止内部人员的溢出攻击。
④ 检查关键的服务程序，看看是否有可怕的漏洞。
⑤ 以所需要的最小权限运行软件。

3.3.4 缓冲区溢出攻击及防范实训

1. 实验目的

理解缓冲区攻击的原理及实施过程，掌握防范措施。

2. 实验环境

实验室所有的机器安装了 Windows 操作系统，组成一个局域网，并且包含 UDP-FLOOD、DDOSER、idahack 等攻击软件。

每两个学生一组，互相攻击或防范。

3. 实验原理

缓冲区是内存中存放数据的地方，在程序试图将数据放到计算机内存中的某一位置，但没有足够空间时发生缓冲区溢出。

4. 实验内容和步骤

略。

3.4 任务 6：欺骗攻击及防范

欺骗攻击是利用 TCP/IP 等协议本身的安全漏洞进行攻击的行为。这些攻击包括 IP 欺骗攻击、DNS 欺骗、Web 欺骗等。欺骗本身不是进攻的目的，而是为实现攻击目的所采取的手段。这类攻击最终破坏了主机与主机之间的信任关系。

3.4.1 IP欺骗攻击与防范

1. IP欺骗攻击的原理

IP欺骗，简单地说，就是向目标主机发送源地址为非本机IP地址的数据包。IP欺骗在各种黑客攻击方法中都得到了广泛的应用。例如进行拒绝服务攻击、伪造TCP连接和会话劫持等。IP欺骗的表现形式主要有两种。一种是攻击者伪造的IP地址不可达或者根本不存在，这种形式的IP欺骗主要用于迷惑目标主机上的入侵检测系统，或者是对目标主机进行DOS攻击。另一种则着眼于目标主机和其他主机之间的信任关系，攻击者通过在其发出的IP数据包中的地址项填入被目标主机所信任的主机的IP地址来进行冒充，一旦攻击者和目标主机之间建立了一条TCP连接(在目标主机看来，是它和它所信任的主机之间的连接，实际上是把目标主机和被信任主机之间的双向TCP连接分解成两个单向的TCP连接)，攻击者就可以获得对目标主机的访问权，并可以进一步实施攻击。

2. IP欺骗攻击的步骤

对于第一种IP欺骗攻击，其攻击步骤十分简单，攻击的效果也十分有限，主要用于拒绝服务攻击，对目标系统本身不会造成破坏，而第二种IP欺骗则能够侵入目标主机并造成严重破坏，其整个攻击的步骤如下：

① 假设主机Z企图攻击主机A，而主机A信任主机B。

② 假设主机Z已经知道主机B被信任，就使用某种方法使主机B的网络功能暂时瘫痪，以免对攻击造成干扰。

③ 主机Z首先取得主机A当前的初始序列号ISN。主机Z与主机A的一个端口建立一个正常的连接，如主机A的25号端口，并记录主机A的ISN以及主机Z到主机A的大致往返时间(Round Trip Time，RTT)。通常，这个过程要重复多次，以便求出RTT的平均值和存储最后发送的ISN。主机Z知道了主机A的ISN基值和增加规律(例如ISN每秒增加128000，每次连接增加64000)后，也知道了从主机Z到主机A需要的RTT/2的时间。这时必须立即进行攻击，否则在这之间会有其他主机与主机A连接，ISN将比预料的多出64000。

④ 主机Z向主机A发送带有SYN标志的数据段请求连接，只是源IP地址改成了主机B的IP地址，主机B因为遭受主机Z的攻击，已经无法响应。

⑤ 主机Z等待一会，让主机A有足够时间发送SYN＋ACK数据包(主机Z看不到这个数据包)。然后主机Z再次伪装成主机B向主机A发送ACK数据包，此时发送的数据包带上主机Z预测的主机A的ISN＋I。如果主机Z的预测准确，主机A将会接收ACK数据包，主机Z与主机A的连接建立，数据传送开始，主机Z就可以使用命令对主机A进行非授权操作。

通过分析，可以看出整个IP欺骗攻击的步骤主要为：发现信任关系→使被信任主机丧失正常工作能力→伪造TCP数据包，猜测序列号→建立连接，获取目标主机权限→提升权限，控制目标主机。IP地址欺骗攻击只能攻击那些完全实现了TCP/IP的计算机。

3.4.2 DNS欺骗攻击

域名系统(Domain Name System，DNS)是一种用于TCP/IP应用程序的分布式数据库，它提供主机名称和IP地址之间的转换信息。通常，网络用户通过UDP和DNS服务器进行通信,而服务器在特定的53号端口监听,并返回用户所需的相关信息。在DNS数据包头部的ID(标志)是用来匹配响应和请求数据包的。

域名解析的整个过程是客户端首先以特定的ID向DNS服务器发送域名查询数据包,在DNS服务器查询之后以相同的ID给客户端发送域名响应数据包。这时客户端会将收到的DNS响应数据包的ID和自己发送的查询数据包ID相比较,如果匹配则表明接收到的正是自己等待的数据包,如果不匹配则将其丢弃。假如用户能够伪装DNS服务器提前向客户端发送响应数据包,那么客户端的DNS缓存中域名所对应的IP就是用户自定义的IP了。但是,这时要求发送的与ID匹配的DNS响应数据包必须在DNS服务器发送的响应数据包之前到达客户端。

防范DNS欺骗可以采取以下两种措施:

① 直接用IP访问重要的服务,这样可以避开DNS欺骗攻击。

② 加密所有对外的数据流,对服务器来说就是尽量使用SSH之类的有加密支持的协议,对于一般用户来说,应该使用PGP之类的软件加密所有发到网络上的数据。

3.4.3 Web欺骗

Web欺骗是一种具有相当危险性且不易被察觉的黑客攻击手段,一般针对浏览网页的个人用户进行欺骗,非法获取或破坏个人用户的隐私和数据资料。

1. Web欺骗的过程

(1) 诱使用户进入攻击者控制的中间服务器

攻击者在某个Web服务器上提供关于某个热门站点的错误链接,该链接指向攻击者控制的中间服务器。他们只需要在该服务器上建立一个该热门站点的拷贝,而不必存储整个服务器站点的真实内容,然后改写这个拷贝中的所有链接,获得真实服务器上所有页面的镜像。

(2) 发布欺骗页面

攻击者必须设法引诱用户去访问并点击他们设定的Web陷阱,他们往往使用以下方法进行诱导:

① 把错误的URL链接放到一个热门站点上。

② 如果受攻击者使用基于HTML的邮件,则通过电子邮件发送伪造的Web页面给用户。

③ 创建错误的Web索引,指示给搜索引擎。

④ 在网络公众场合,如BBS、论坛、聊天室等散播包含错误链接的消息。

2. Web欺骗的防范

Web欺骗的防范有以下3点:

① 查看源文件。攻击者并非不留丝毫痕迹,HTML源文件会使这种欺骗暴露无遗。用户查看当前网页的源文件,可以发现被改写的URL。

② 确保浏览器的链接提示状态可见,它会提供当前位置的相关信息。

③ 仔细观察所点击的URL链接,一般会在状态栏或地址栏中得到正确的显示。

3.4.4 欺骗攻击及防范实训

ARP欺骗攻击也是欺骗攻击中的一种常用攻击方式,本次实训以ARP攻击为例,进行欺骗攻击及其防范的实例讲解。

首先了解 ARP 协议。IP 数据包常通过以太网发送。以太网设备并不识别 32 位 IP 地址，它们是以 48 位以太网地址传输以太网数据包的。因此，IP 驱动器必须把 IP 目的地址转换成以太网目的地址。在这两种地址之间存在着某种静态的或算法的映射，常常需要查看一张表。地址解析协议（Address Resolution Protocol，ARP）就是用来确定这些映像的协议。

ARP 工作时，送出一个含有所希望的 IP 地址的以太网广播数据包。目的地主机，或另一个代表该主机的系统，以一个含有 IP 和以太网地址对的数据包作为应答。发送者将这个地址对高速缓存起来，以节约不必要的 ARP 通信。

如果有一个不被信任的节点对本地网络具有写访问许可权，那么也会有某种风险。这样一台机器可以发布虚假的 ARP 报文并将所有通信都转向自己，然后它就可以扮演某些机器，或者顺便对数据流进行简单的修改。ARP 机制常常是自动起作用的。在特别安全的网络上，ARP 映射可以用固件，并且具有自动抑制协议达到防止干扰的目的。

硬件类型字段指明了发送方想知道的硬件接口类型，以太网的值为 1。协议类型字段指明了发送方提供的高层协议类型，IP 为 0806（16 进制）。硬件地址长度和协议长度指明了硬件地址和高层协议地址的长度，这样 ARP 报文就可以在任意硬件和任意协议的网络中使用。操作字段用来表示这个报文的目的，ARP 请求为 1，ARP 响应为 2，RARP 请求为 3，RARP 响应为 4。

当发出 ARP 请求时，发送方除了填好发送方首部和发送方 IP 地址，还要填写目标 IP 地址。当目标机器收到这个 ARP 广播包时，就会在响应报文中填上自己的 48 位主机地址。

将 IP 地址转换为 MAC 地址是 ARP 的工作，在网络中发送虚假的 ARP Respones，就是 ARP 欺骗。

在现实中，我们都知道邮政机构的主要职责就是靠邮差来接收和收发包裹的，我们只要填写两个正确信息：邮政编码和收件人地址，就可以把邮件送达目的地。这中间邮政编码起到很大的作用，它的主要作用是把相应的地址信息用数字的形式统一编码，例如 10080 就代表了北京市某个行政地区。

如果我们清楚地知道邮政系统是怎样把包裹送达目的地，就很容易理解 ARP 协议的处理过程。ARP 处理同样需要两个信息来完成数据传输，一个是 IP 地址，一个是 MAC 地址。所以当 ARP 传输数据包到目的主机时，就好像邮局送包裹到目的地，IP 地址就是邮政编码，MAC 地址就是收件人地址。ARP 的任务就是把已知的 IP 地址转换成 MAC 地址，这中间有复杂的协商过程，这就好像邮局内部处理不同目的地的邮件一样。我们都清楚邮局也有可能送错邮件，原因很简单，就是搞错了收件人地址，或是搞错了邮政编码，而这些都是人为的；同理，ARP 解析协议也会产生这样的问题，只不过是通过计算机搞错的，例如在获得 MAC 地址时，有其他主机故意顶替目的主机的 MAC 地址，就造成了数据包不能准确到达。这就是所谓的 ARP 欺骗。

1. 实验目的

掌握 ARP 欺骗原理及防范 ARP 攻击的方法。

2. 实验步骤

略。

3. ARP 欺骗攻击的防范及解决方法

目前针对这种攻击的解决方法通常都是采用绑定 IP 和 MAC 地址，但是想从根本上解决该问题还需要整个网络内部的所有使用者都能够有一个良好的上网习惯，不要只考虑自己的利益。下面简单介绍如何防范和解决此类问题。

故障现象：机器以前可正常上网的，突然出现可认证，不能上网的现象（无法 ping 通网关），重启机器或在 MS－DOS 窗口下运行命令“arp－d”后，又可恢复上网一段时间。

故障原因：这是 APR 病毒欺骗攻击造成的。

引起问题的原因一般是由传奇外挂携带的 ARP 木马攻击。当在局域网内使用上述外挂时，外挂携带的病毒会将该机器的 MAC 地址映射到网关的 IP 地址上，向局域网内大量发送 ARP 包，从而致使同一网段地址内的其他机器误将其作为网关，这就是为什么掉线时内网是互通的，计算机却不能上网的原因。

临时处理对策：

步骤一，在能上网时，进入 MS-DOS 窗口，输入命令“arp－a”查看网关 IP 对应的正确 MAC 地址，将其记录下来。

注意：如果已经不能上网，则先运行一次命令“arp－d”将 ARP 缓存中的内容删空，计算机可暂时恢复上网（攻击如果不停止的话），一旦能上网就立即将网络断掉（禁用网卡或拔掉网线），再运行“arp－a”。

步骤二，如果已经有网关的正确 MAC 地址，在不能上网时，手工将网关 IP 和正确 MAC 绑定，可确保计算机不再被攻击影响。手工绑定可在 MS－DOS 窗口下运行以下命令：“arp－s 网关 IP 网关 MAC”。

例如假设计算机所处网段的网关为 192.168.100.1，本机地址为 192.168.100.13，在计算机上运行 arp-a 后输出如下：

```
C:\Documents and Settings>arp -a
Interface: 192.168.100.13 --- 0x2
Internet Address Physical Address Type
192.168.100.1 00-01-02-03-04-05 dynamic
```

其中 00－01－02－03－04－05 就是网关 192.168.100.1 对应的 MAC 地址，类型是动态(dynamic)的，因此可被改变。

被攻击后，再用该命令查看，就会发现该 MAC 已经被替换成攻击机器的 MAC，如果大家希望能找出攻击机器，彻底根除攻击，可以在此时将该 MAC 记录下来，为以后查找做准备。

手工绑定的命令为

```
arp -s 192.168.100.1 00-01-02-03-04-05
```

绑定完，可再用 arp－a 查看 arp 缓存：

```
C:\Documents and Settings>arp -a
Interface:192.168.100.13 --- 0x2
Internet Address Physical Address Type
192.168.100.1 00-01-02-03-04-05 static
```

这时，类型变为静态(static)，就不会再受攻击影响了。但是，需要说明的是，手工绑定在计算机关机重开机后就会失效，需要再次绑定。所以，要彻底根除攻击，只有找出网段内被病毒感染的计算机，进行杀毒，方可解决。

找出病毒计算机的方法：

如果已有病毒计算机的MAC地址，可使用nbtscan软件找出网段内与该MAC地址对应的IP，即病毒计算机的IP地址，然后可报告网络中心对其进行查封。

nbtscan的使用方法：

下载nbtscan.rar到硬盘后解压，然后将cygwin1.dll和nbtscan.exe两文件拷贝到C:\Windows\System32(或System)下，进入MS-DOS窗口就可以输入命令：

nbtscan -r192.168.100.0/24(假设本机所处的网段是192.168.100，掩码是255.255.255.0；实际使用该命令时，应将斜体字部分改为正确的网段)。

注意：使用nbtscan时，有时因为有些计算机安装防火墙软件，nbtscan的输出不全，但在计算机的arp缓存中却有所反应，所以使用nbtscan的同时查看arp缓存，便可得到比较完全的网段内计算机IP与MAC的对应关系。

3.5　任务7：远程控制及防范

所谓远程控制，是指管理人员在异地通过计算机网络拨号或双方都接入因特网等手段，连通需被控制的计算机，将被控计算机的桌面环境显示到自己的计算机上，通过本地计算机对异地计算机进行配置、软件安装、修改等工作。远程唤醒(WOL)，即通过局域网络实现远程开机。

3.5.1　远程控制的概念

这里的远程不是字面意思的远距离，一般指通过网络控制远端电脑。早期的远程控制往往指在局域网中的远程控制而言，随着因特网的普及和技术的革新，现在的远程控制往往指因特网中的远程控制。当操作者使用主控端电脑控制被控端电脑时，就如同坐在被控端电脑的屏幕前一样，可以启动被控端电脑的应用程序，可以使用或窃取被控端电脑的文件资料，甚至可以利用被控端电脑的外部打印设备(打印机)和通信设备(调制解调器或者专线等)来进行打印和访问外网和内网，就像利用遥控器遥控电视的音量、变换频道或者开关电视机一样。不过，有一个概念需要明确，那就是主控端电脑只是将键盘和鼠标的指令传送给远程电脑，同时将被控端电脑的屏幕画面通过通信线路回传过来。也就是说，控制被控端电脑进行操作似乎是在眼前的电脑上进行的，实质是在远程的电脑中实现的，不论打开文件，还是上网浏览、下载等都是存储在远程的被控端电脑中的。

远程控制必须通过网络才能进行。位于本地的计算机是操纵指令的发出端，称为主控端或客户端，非本地的被控计算机叫做被控端或服务器端。“远程”不等同于远距离，主控端和被控端可以是位于同一局域网的同一房间中，也可以是连入因特网的处在任何位置的两台或多台计算机。

远程控制是在网络上由一台电脑(主控端Remote/客户端)远距离去控制另一台电脑(被控端Host/服务器端)的技术，主要通过远程控制软件实现。远程控制软件工作原理：远程控制软件一般分客户端程序(Client)和服务器端程序(Server)两部分，通常将客户端程序安装到主控端的电脑上，将服务器端程序安装到被控端的电脑上。使用时客户端程序向被控端电脑中的服务器端程序发出信号，建立一个特殊的远程服务，然后通过这个远程服务，使用各种远程控制功能发送远程控制命令，控制被控端电脑中的各种应用程序运行。

3.5.2 远程控制的技术发展

电脑中的远程控制技术，始于DOS时代，只不过当时由于技术上没有什么大的变化，网络也不发达，市场没有更高的要求，所以远程控制技术没有引起更多人的注意。但是，随着网络的高度发展，电脑的管理及技术支持的需要，远程操作及控制技术越来越引起人们的关注。远程控制一般支持下面的这些网络方式：LAN、WAN、拨号方式及因特网方式。此外，有的远程控制软件还支持通过串口、并口、红外端口来对远程电脑进行控制（不过这里说的远程电脑，只能是有限距离范围内的电脑了）。传统的远程控制软件一般使用 NETBEUI、NETBIOS、IPX/SPX、TCP 等协议来实现远程控制，不过，随着网络技术的发展，很多远程控制软件提供通过 Web 页面以 Java 技术来控制远程电脑，这样可以实现不同操作系统下的远程控制。

1. TCP 协议远程控制

主要有 Windows 系统自带的远程桌面、PCAnyWhere（赛门铁克公司）等，网上 98%的远程控制软件都使用 TCP 协议来实现远程控制（包括上述几款）。使用 TCP 协议的远程控制软件的优势是稳定、连接成功率高；缺陷是双方必须有一方具有公网 IP（或在同一个内网中），否则就需要在路由器上做端口映射。这意味着你只能用这些软件控制拥有公网 IP 的电脑，或者只能控制同一个内网中的电脑（比如控制公司里其他的电脑）。你不可能使用 TCP 协议的软件从某一家公司的电脑，控制另外一家公司的内部电脑，或者从网吧、宾馆里控制你办公室的电脑，因为它们处于不同的内网中。80%以上的电脑都处于内网中（使用路由共享上网的方式即为内网），TCP 软件不能穿透内网的缺陷，使得该类软件使用率大打折扣。但是目前很多远程控制软件支持从被控端主动连接到控制端，可以在一定程度上弥补该缺陷。

2. UDP 协议远程控制

与 TCP 协议远程控制不同，UDP 协议传送数据前并不与对方建立连接，发送数据前后也不进行数据确认，从理论上说速度会比 TCP 快（实际上会受网络质量影响）。最关键的是可以利用 UDP 协议的打洞原理（UDP Hole Punching 技术）穿透内网，从而解决了 TCP 协议远程控制软件需要做端口映射的难题。这样，即使双方都在不同的局域网内，也可以实现远程连接和控制。QQ、MSN、网络人远程控制软件、XT800 的远程控制功能都是基于 UDP 协议的。你会发现使用穿透内网的远程控制软件无需做端口映射即可实现连接，这类软件都需要一台服务器协助程序进行通信，以便实现内网的穿透。由于 IP 资源日益稀缺，越来越多的用户会在内网中上网，因此能穿透内网的远程控制软件，将是今后远程控制发展的主流方向。

3.5.3　远程控制的应用

1. 远程办公

远程办公方式不仅大大缓解了城市交通状况，减少了环境污染，还免去了人们上下班路上奔波的辛劳，更可以提高企业员工的工作效率和工作兴趣。

2. 远程教育

利用远程技术，商业公司可以实现和用户的远程交流，采用交互式的教学模式，通过实际操作来培训用户，使用户从技术支持专业人员那里学习示例知识变得十分容易，而教师和学生之间也可以利用这种远程控制技术实现教学，学生可以不用见到老师，就能得到老师手把手的辅导和讲授。学生还可以直接在电脑中进行习题的演算和求解，在此过程中，教师能够轻松看到学生的解题思路和步骤，并加以实时的指导。

3. 远程维护

计算机系统技术服务工程师或管理人员通过远程控制目标维护计算机或所需维护管理的网络系统，进行配置、安装、维护、监控与管理，解决以往服务工程师必须亲临现场才能解决的问题。大大降低了计算机应用系统的维护成本，最大限度减少用户损失，实现高效率、低成本办公。

4. 远程协助

任何人都可以利用一技之长通过远程控制技术为远端电脑前的用户解决问题。如安装和配置软件、绘画、填写表单等协助用户解决问题。

3.5.4　远程控制攻击的发现和对策实训

1. 实训目的

掌握远程控制软件的原理及防范对策。

2. 技术原理

远程控制软件一般分两个部分：一部分是客户端程序 Client，另一部分是服务器端程序 Server。在使用前需要将客户端程序安装到主控端电脑上，将服务器端程序安装到被控端电脑上。它的控制的过程一般是先在主控端电脑上执行客户端程序，像一个普通的客户一样向被控端电脑中的服务器端程序发出信号，建立一个特殊的远程服务，然后通过这个远程服务，使用各种远程控制功能发送远程控制命令，控制被控端电脑中的各种应用程序运行，我们称这种远程控制方式为基于远程服务的远程控制。

3. 实现功能

使用“灰鸽子”实现远程控制主机，用工具查杀“灰鸽子”木马。

4. 实训设备

PC 机 2 台，安装 Windows XP 操作系统，灰鸽子软件 1 套，金山灰鸽子专杀工具 1 套。

5. 实训步骤

略。

思　考　题

1. 口令攻击的防范方法中加密技术如何使用?

2. 缓冲区溢出攻击的解决方法有哪些?如何将操作系统中关于缓冲区的知识和溢出攻击联系起来?

3. 请选择一个局域网,自行设置防范 ARP 欺骗攻击的绑定代码,并具体实现。

4. 利用 QQ 聊天软件的远程协助功能,具体操作一遍,了解远程协助的优缺点。

第4章 网络防御实训

学习目标

通过对本章的学习，学生能对代理服务技术、入侵检测技术、入侵防御技术有一个整体认识。

通过本章的学习，应该掌握以下内容：

1. 理解代理服务的功能、构成与工作原理，掌握代理服务器设置和 Linux 代理服务器的架设。

2. 理解入侵检测的通用框架、入侵检测的分析技术、构建入侵检测系统的一般过程，掌握 Windows 平台下 Snort 的安装、配置和使用。

3. 理解入侵防御系统的工作原理和分类，掌握入侵防御系统的配置和使用。

4. 掌握手工查杀木马、病毒的基本技术。

5. 掌握加密解密的基本技术。

4.1 任务8:代理服务技术

随着因特网应用的普及，越来越多的计算机网络用户纷纷将自己的内部网络内联网接入了因特网。虽然给内部网络的计算机用户访问因特网带来了方便，但是内部网络上的计算机、所存储的信息和数据也全部暴露在全世界计算机网络用户的视野之内，给网络安全带来了一定的隐患。如何有效地解决这些问题，更好地实现内联网与因特网连接，这就牵扯到代理服务器的问题，代理服务器将起着“桥梁”的关键作用。

4.1.1 代理服务概述

1. 代理服务的功能

代理服务是一些位于内部用户(内部网络上)和外部服务(因特网上)之间的服务程序。它的主要功能有以下几方面：一是信息通道，可以对内提供透明性服务，为内部用户提供与因特网之间的信息通信；二是信息过滤器，对通过其进出的信息进行分析过滤，阻止某些信息的出入；三是信息缓存，将用户经常访问的信息保存在服务器上，当用户再次访问这些信息时，代理服务器就将保存在缓存中的信息提供给用户，而不再经过因特网从信息的原始存储地提取。

2. 代理服务的构成与工作原理

代理服务要求两个主要部件：代理服务器和代理客户。代理服务器是一个运行代理服务程序的双宿主机，代理客户是正常程序的一个特定版本。

当客户端向服务器发出请求,该请求被送到代理服务器,代理服务器接收到该连接请求后,对其进行身份认证和访问控制。如果客户端通过了代理服务器的身份认证和访问控制,就代替客户端向该服务器发出请求,服务器响应以后,代理服务器将响应的数据传送给客户端。可见代理服务器是客户访问因特网远程服务器时的中介,对客户而言,它是服务器,对远程服务器而言,它又是客户,代理服务器是典型的客户/服务器模式的一个例子。在此模式中,客户端向服务器发出请求,服务器对请求才做出响应,服务器是被动的,仅在收到客户端的请求时才做出响应。客户的请求由代理服务器受理,此时代理服务器是一个服务器的角色,对客户的请求,代理服务器必须向真正的目标服务器发出请求,此时代理服务器又是目标服务器的客户,其连接示意图如图 4-1 所示。

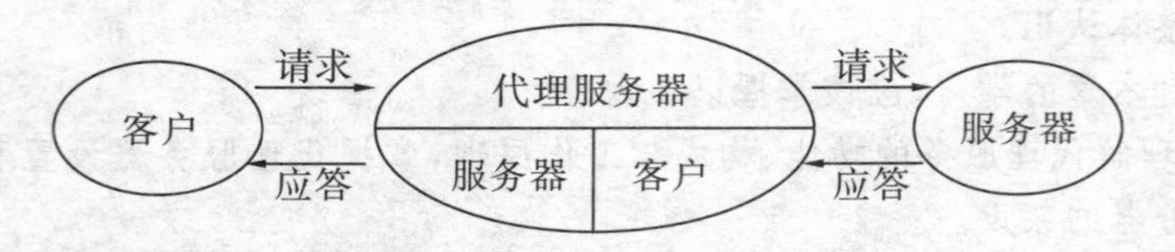

图 4-1 代理服务工作原理

4.1.2 代理服务器设置

一个用户可以使用自己所在网络的代理服务器隐藏自己。另一方面,也可以通过设置连接到一些其他代理服务器上,实现特殊的目的。网上经常公布有免费代理服务器的地址和端口供使用。但是,需要注意以下两点:

① 代理服务器本身有可能会记录其连接系统的所有操作(时间、各种申请、用户 ID、密码等等),因此有可能导致秘密和隐私的泄露。因此建议:不要使用代理服务器收发涉及个人隐私和机构秘密的电子邮件;不要使用代理服务器 FTP 和进行其他需要提供用户 ID 和密码的操作。

② 许多代理服务器由于带宽的限制等原因,工作很不稳定,有的接上几小时就可能无法运行了。

下面以 Windows 2000 为例,介绍代理服务器的配置方法。

① 在控制面板中,单击 Internet(在其他地方也可以找到该选项),如图 4-2 所示。

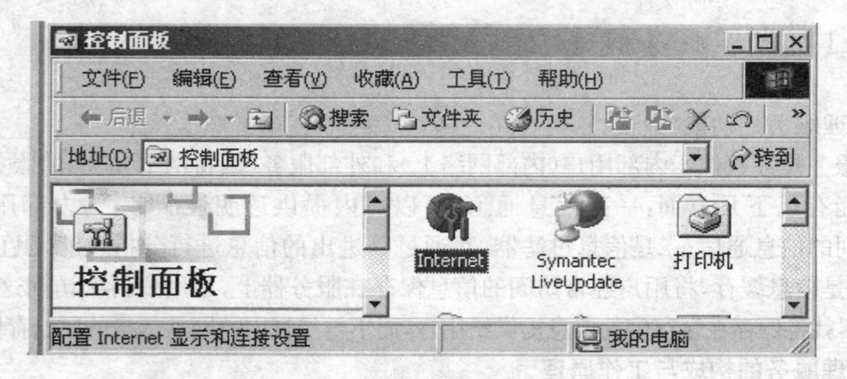

图 4-2 Internet 选项

② 在弹出的“Internet 属性”窗口中，单击“连接”选项卡，然后单击“局域网设置”按钮，如图 4-3 所示。

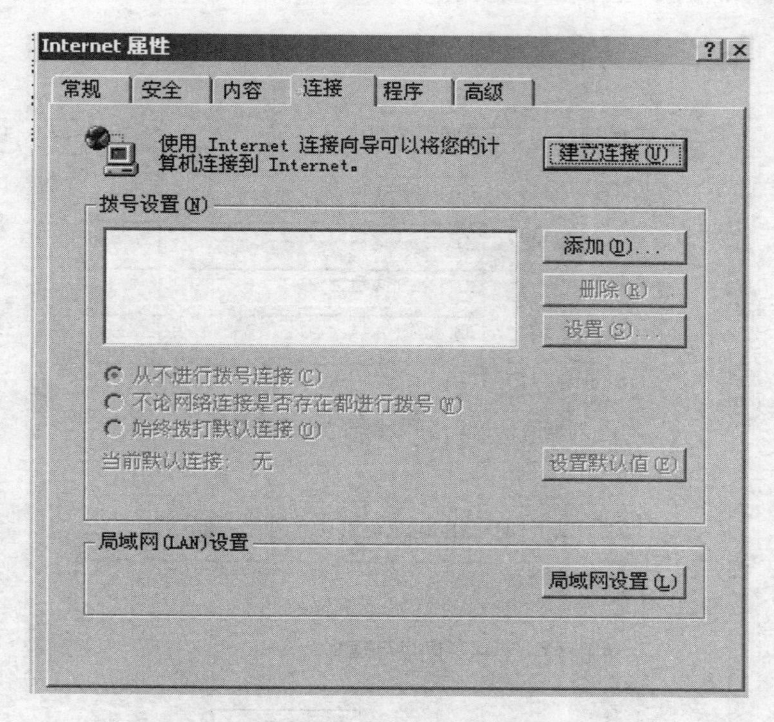

图 4-3　“Internet 属性”窗口的“连接”选项卡

③ 在弹出的“局域网(LAN)设置”窗口中，选择“使用代理服务器”，并填上代理服务器的地址和端口。但是对于本地地址不使用代理服务器，为此要查看代理服务器的“高级设置”，如图 4-4 所示。

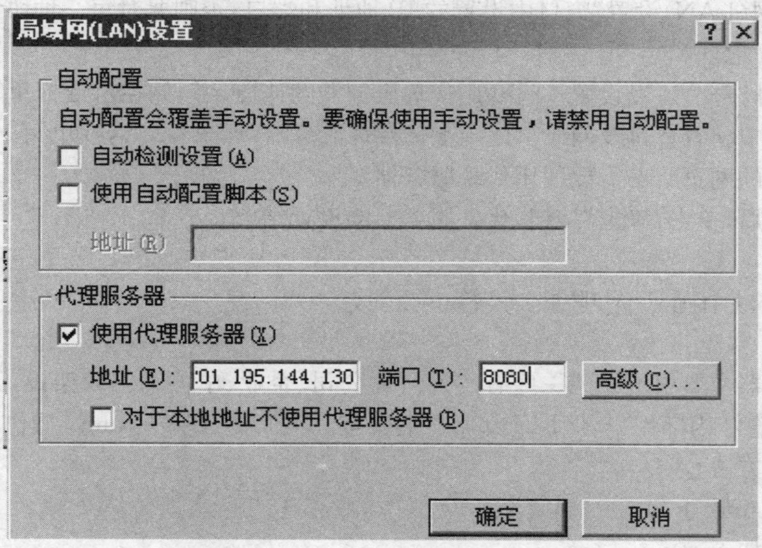

局域网(LAN)设置
自动配置
自动配置会覆盖手动设置。要确保使用手动设置，请禁用自动配置。
自动检测设置(A)
使用自动配置脚本(S)
地址(R)
代理服务器
使用代理服务器(X)
地址(E)：:01.195.144.130　端口(T)：8080　高级(C)...
对于本地地址不使用代理服务器(B)
确定　取消

图 4-4　“局域网(LAN)设置”窗口

④ 单击“代理服务器”栏的“高级”按钮，弹出“代理服务器设置”对话框，如图 4-5 所示。窗口分“服务器”和“例外”上下两个部分。

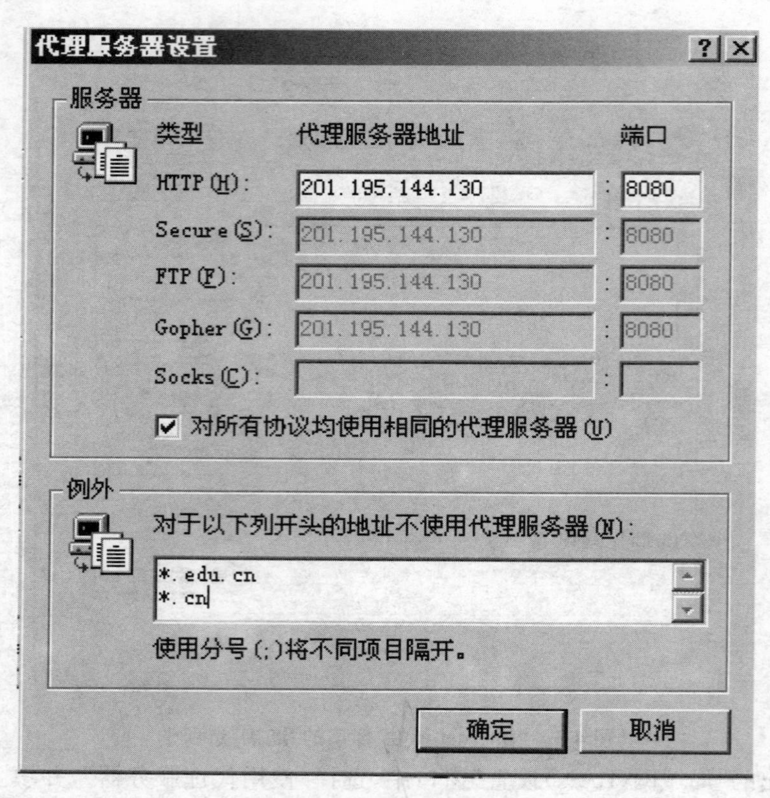

图 4-5 “代理服务器设置”窗口

• 在“服务器”部分，若选择“对所有协议均使用相同的代理服务器”，则默认的代理服务器为在“局域网(LAN)设置”窗口中设置的 IP 地址和端口；否则要对每一种协议分别设置合适的服务器 IP 地址和端口。

• 在“例外”部分可以设置不需要用代理服务器的地址。例如在对话框里写上“ * . edu. cn”，表明访问中国教育科技网时不使用上述代理服务器；如果在对话框里写上“ * · cn”，就表明访问国内的网页时不需要使用代理服务器。

以上完成后，单击“确定”按钮，代理服务器的设置结束。

4.1.3 Linux 代理服务器的架设

代理服务器主要由 ISP 或一些有内部网的公司、企业、单位和学校架设，其目的是节省 IP 地址资源、隐蔽内部用户、保护内部用户的安全。下面介绍基于 Linux 操作系统进行代理服务器配置的方法。

1. 配置 Linux 上网

操作步骤如下：

① 单击“开始”→“系统工具”→“网络设备控制”命令，然后再单击“配置”按钮。

② 在“网络配置”窗口中，选择外接 ADSL 的接入网卡，再单击“编辑”按钮，如图 4-6

所示。

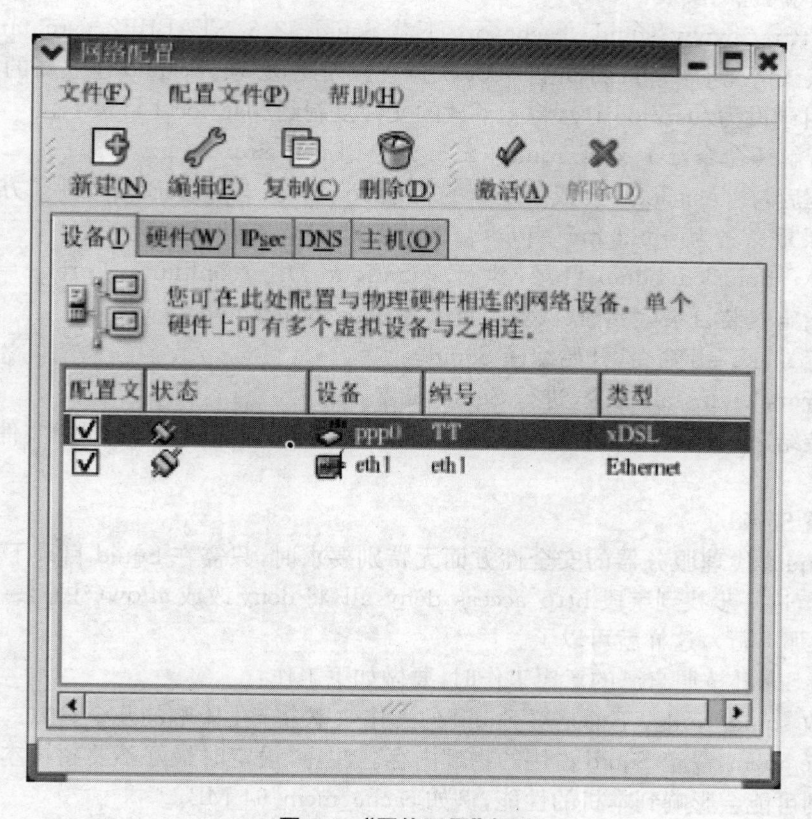

图 4-6　“网络配置”窗口

③ 在接下来的窗口里勾选“当计算机启动时激活设备”，并单击“静态设置的 IP 编号”。在“编号”框中输入本机网卡的 IP 地址（如 192.168.0.1），默认子网掩码为“255.255.255.0”，默认网关编号为空，然后单击“确定”按钮。

2. 获取软件

可以通过以下途径获取 Squid 软件：

① 从 Squid 的官方站点 http://www.squid-cache.org 中下载。

② 从 Linux 发行版本中获取该软件——如今的 Linux 中基本都有已编译好的 Squid，直接安装即可。

3. 安装软件

Squid 软件包有两种形式：

① 一种是源代码，下载后需要自己重新编译。

② 可执行文件，下载后只需解压就可以使用，如 RedHat 所使用的 RPM 包。

下面以 Squid-2.3.STABLEX 为例，分别介绍这两种软件包的安装方法。

(1) RPM 包的安装

① 进入/mnt/cdrom/RedHat/RPMS 目录。

② 执行 rpm -ivh Squid-2.3.STABLE4-8.i386.rpm 软件包。

此外，也可以在开始安装系统的过程中安装该软件。

(2) 源代码包的安装

① 从 http://www.squid-cache.org 下载 Squid-2.3.STABLE2-src.tar.gz 文件。

② 在默认情况下,Squid 不允许 root 执行它。因此,必须为 squid 建立新的目录及用户(假设用户目录设为/usr/local/),将①下载的文件复制到/usr/local 目录下。

③ 执行解压命令:tar xvzf squid-2.3.STABLE2-src.tar.gz。

④ 解压后,在/usr/local 生成一个新的目录 squid-2.3.STABLE2,为了方便用 mv 命令,将该目录重命名为 squid mv squid-2.3.STABLE2 squid。

⑤ 进入 squid cd squid 目录,执行./configure,用./configure - prefix=/directory/you/want 指定安装目录(系统默认安装目录为/usr/local/squid)。

⑥ 执行 make all 命令,开始编译 Squid。

⑦ 执行 make install 命令,进行 Squid 安装。

⑧ 安装结束后,Squid 的可执行文件在安装目录的 bin 子目录下,配置文件在 etc 子目录下。

4. 配置 Squid

当对 Squid 代理服务器的安全性方面无特别要求时,只需在 Squid 目录下找到 Squid.conf 并打开,进一步找到字段 http_access deny all,将 deny 改成 allow(注意:一定是改前面没有#号的那一行),这样就可以了。

当希望 Squid 按照自己的意愿工作时,要做如下工作:

① 修改 squid.conf。下面是对 Squid 的工作效率会产生影响的几个参数:

• cache_mem:设定 Squid 占用的物理内存。注意,设定时最好不要超过本机物理内存的 1/4,否则可能会影响到本机的性能,例如 cache_mem 64 MB。

• http_port:用于设定 Squid 的监听端口,默认值为 3128。

• cache_effective_user:设定使用缓存的用户,默认为 nobody,一般都要进行修改,建议重新建立一个。

• cache_dir:设定缓存的大小和位置。例如 cache_dir/usr/local/squid/cache100 32 128,数字 100 前面的部分表示缓存位置,100 表示缓存最大不超过 100 MB,32 和 128 表示目录数。

② 打开 squid.conf,单独起一行输入以下命令:

acl local_net src 192.168.0.1/255.255.255.0

其中,192.168.0.1 为本机网卡 IP 地址,255.255.255.0 为子网掩码。

③ 定义允许使用缓存的 IP 地址组,即前面提到的 http_access allow local_net 命令行。

5. 在浏览器里运行测试

① 在浏览器 Mozilla 中依次选择“Edit”→“Preference”→“Advanced”→“Proxies”→“Manual Proxy configuration”→“View”。

② 即可将 Squid 服务器的 IP 地址(172.21.101.132)作为代理服务器地址,默认端口号为 3128。

③ 如果在前面 Squid.conf 配置文件中对“http_port:”作了修改,则要填入修改后的端口号。

若要控制 Squid 的运行,可以依次单击“开始”→“服务器设置”→“服务”,打开“服务配置”窗口,在中间的窗口内选择 Squid 即可。

如果要让 Linux 启动时自动启动 Squid，只要勾选前面的复选框即可。

④ 进行 Web 浏览，如图 4-7 所示。

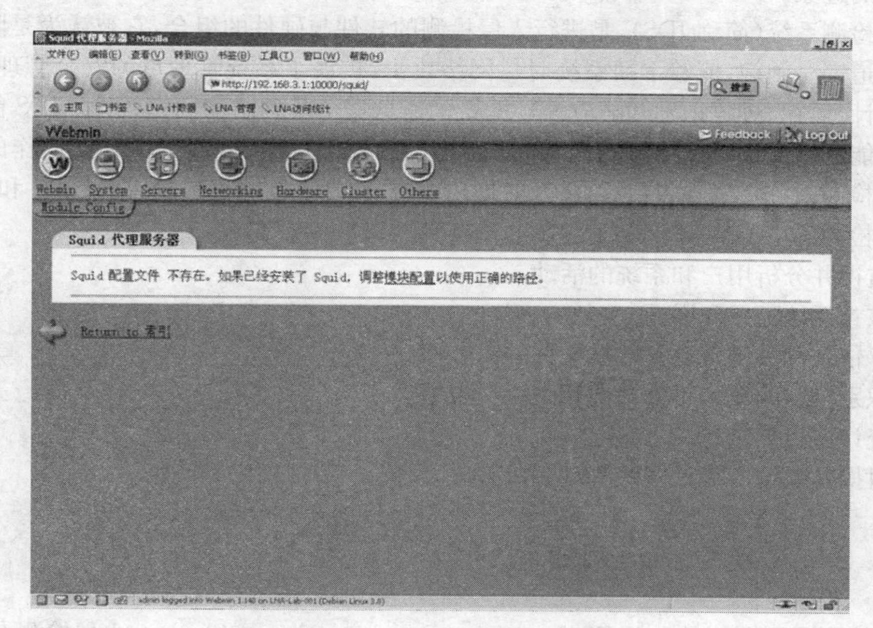

图 4-7　进行浏览测试

4.2　任务 9：入侵检测技术

计算机网络现已渗透到人们的工作和生活当中，随之而来的非法入侵和肆意破坏也越发猖獗，攻击手段越来越先进，“杀伤力”也越来越大。如何保护好系统的资源和数据，使对它们的访问能够受到控制，是网络安全的一个重要课题，而且越来越受到人们的重视。原来的静态、被动的安全防御技术，如防火墙技术虽然能够通过过滤和访问控制阻止多数对系统的非法访问，但是却不能抵御某些入侵攻击，尤其是在防火墙系统存在配置上的错误、没有定义或没有明确定义系统安全策略时，都会危及到整个系统的安全。另外，由于防火墙主要是在网络数据流的关键路径上，通过访问控制来实现系统内部与外部的隔离，因此针对恶意的移动代码（病毒、木马、缓冲区溢出等）攻击以及来自内部的攻击等都无能为力。

因此针对日益繁多的网络入侵事件，需要在使用防火墙的基础上选用一种协助防火墙进行防患于未然的工具，这种工具要求能对潜在的入侵行为做出实时判断和记录，并能在一定程度上抗击网络入侵，扩展系统管理员的安全管理能力，保证系统的绝对安全性，使系统的防范功能大大增强，甚至在入侵行为已经被证实的情况下，能自动切断网络连接，保护主机的绝对安全。在这种情形下，入侵检测系统 IDS(Intrusion Detection System)应运而生了。

4.2.1　入侵检测的定义和功能

入侵检测是指对入侵行为的发现、报警和响应，通过对计算机网络或计算机系统中的若于关键点收集信息并对其进行分析，从中发现网络或系统中是否存在违反安全策略的行为和被攻击的迹象。

入侵检测系统（简称 IDS），是进行入侵检测的软件与硬件的组合，它被认为是防火墙之后的第二道安全闸门，能够帮助系统对付网络攻击，扩展了系统管理员的安全管理能力（包括安全审计、监视、进攻识别和响应等），提高了信息安全基础结构的完整性。IDS 能在不影响网络性能的情况下对网络进行监测，从而提供对内部攻击、外部攻击和误操作的实时保护。入侵检测系统在发现入侵后，将及时做出响应，包括切断网络连接、记录事件和报警等。

入侵检测的主要功能包括：

① 监视并分析用户和系统的活动。

② 核查系统配置和漏洞。

③ 评估系统关键资源和数据文件的完整性。

④ 识别已知的攻击行为并向相关人员报警。

⑤ 统计分析异常行为。

⑥ 对操作系统的审计跟踪管理，并识别违反安全策略的用户行为。

4.2.2 入侵检测通用框架

入侵检测通用框架是在 IDES（Intrustion Detection Expert System，入侵检测专家系统）和 NIDES（Next-Generation Intrusion Detection System，下一代入侵检测专家系统）基础上，由加利福尼亚大学 Davis 分校安全实验室主持起草的 CIDF（Common Instrusion Detection Framework，通用入侵检测框架），最早由美国国防高级研究计划署提出，其结构如图 4-8 所示。该模型由以下 4 个组件组成：事件产生器、事件分析器、响应单元和事件数据库，其中，事件产生器、事件分析器和响应单元通常以应用程序的形式出现，而事件数据库则往往是以文件或数据流的形式出现。

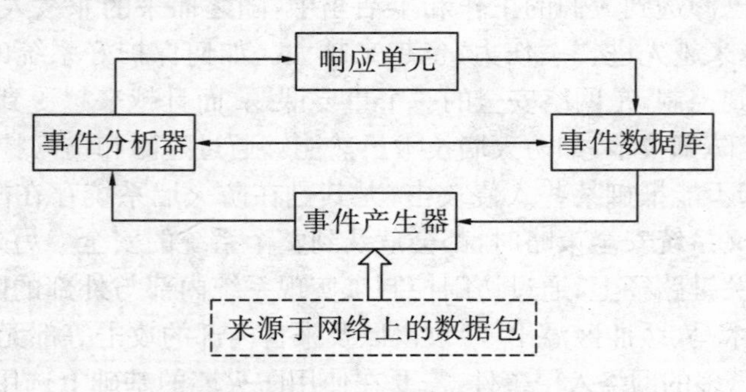

图 4-8 CIDF 的结构

1. 事件产生器

事件产生器位于 IDS 的最底层，主要任务是收集来自主机和网络的事件信息，为检测信息提供原始数据，并将这些事件转换成 CIDF 的 GIDO（统一入侵检测对象）格式传送给系统的其他组件。事件产生器是所有入侵检测系统所必需的，同时也是可以重用的。例如事件产生器可以是监视网络，根据网络数据信息产生事件的过滤器，也可以是数据库中产生描述事务事件的应用代码等。

2. 事件分析器

事件分析器是入侵检测系统的核心部分。事件分析器分析从其他组件收到的GIDO，并将产生的新GIDO再传给其他组件，用于对获取的事件信息进行分析，从而判断是否有入侵行为发生，并检测出具体的攻击手段。分析器可以是一个特征检测工具，检查一个事件序列中是否有已知的滥用攻击特征，也可以是一个相关器，观察事件之间的关系，将有联系的事件放到一起，以利于以后的进一步分析。

3. 响应单元

响应单元处理收到的GIDO，用于向系统管理员报告分析结果，并采取相应的策略以响应入侵行为。例如终止相关进程、中断连接、修改文件属性，或者仅仅是简单的报警等。

4. 事件数据库

事件数据库存放各种中间和最终数据，用来存储GIDO，以备系统需要的时候再次调用。它可以是复杂的数据库，也可以是简单的文本文件。

以上4个组件只是逻辑实体，一个组件可能是某台计算机上的一个进程甚至线程，也可能是多个计算机上的多个进程，它们以GIDO格式进行数据交换。GIDO是对事件进行编码的标准通用格式(由CIDF描述语首CISL定义)。GIDO数据流在图4-8中用箭头表示，它可以是发生在系统中的审计事件，也可以是对审计事件的分析结果。

4.2.3　入侵检测分析技术

对网络和主机的各种事件进行分析，从而发现是否有违反安全策略的行为是IDS的核心任务。因此，入侵检测常用的技术主要体现在IDS的分析引擎上。分析引擎以事件产生器获取的主机或网络事件为输入，通过分析事件或经验知识建立判断入侵的模型。根据建立模型的方法不同，入侵检测技术主要有误用入侵检测技术和异常入侵检测技术。在IDS中，常采用两种方法相结合的方式。

1. 误用入侵检测

误用入侵检测是指根据已知的入侵模式来检测入侵。入侵者常常利用系统和应用软件中的弱点进行攻击，而这些弱点易编成某种模式，如果入侵者攻击方式恰好匹配检测系统中的模式库，则入侵者即被检测到，如图4-9所示。

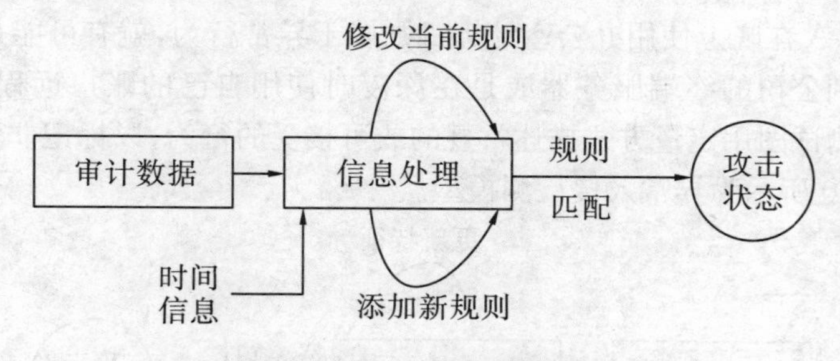

图4-9　误用入侵检测模型

显然，误用入侵检测依赖于模式库，或叫规则库。如果没有构造好模式库，则IDS就不能检测到入侵者。误用模式库中的模式可以自动生成，即对历史的审计记录进行分析，该模式库中的模式也可以预先定义。

误用入侵检测可以对已知的攻击进行快速的反应，通过给出攻击所属的类型来制定相应的措施;用户还可根据实际需要来指定被监控的事件数量与类型。由于该方法不需要通过浮点运算,所以执行效率相对较高。缺点是:在检测过程中依托于误用模式库,只可对模式库中存在的模式攻击进行相应的检测,对于未出现过的攻击则不能对其检测;没有统一的模式定义语言,在添加自己的模式时则比较困难,模式库很难扩展。误用入侵检测的主要实现技术可分成模式匹配、专家系统和状态转换误用检测等3类。

(1) 模式匹配误用检测

误用检测中最为通用的便是模式匹配方式,它是将收集到的信息与已知的网络入侵和系统误用模式数据库进行比较,从中发现违背安全策略的行为。该方法具有检测原理简单、效率高以及扩展性好等方面的优点,但只能针对比较简单的攻击且误报率高。由于其操作简单且便于使用和维护,因此得到了广泛的推广。这也是Snort系统所采用的检测方式。

(2) 专家系统误用检测

专家系统误用检测方法通过将安全专家的知识表示成If-Then规则形成专家知识库,然后,运用推理算法进行检测。规则中的If部分说明形成网络入侵的必需条件,Then部分说明发现入侵后要实施的操作。入侵检测专家系统应用的实际问题是要处理大量的数据和依赖于审计跟踪的次序,其推理方式主要有以下两种。

① 根据给定的数据,应用符号推理出入侵的发生情况。需要解决的主要问题是处理序列数据和知识库的维护。不足之处就是只能检测已知弱点。

② 根据其他的入侵证据,进行不确定性推理。这种推理的局限性是推理证据的不精确和专家知识的不精确。

(3) 状态转换误用检测

状态转换误用检测方法将入侵过程看做一个行为序列,这个行为序列导致系统从初始状态转入被入侵状态。分析时,首先针对每一种入侵方法确定系统的初始状态和被入侵状态以及导致状态转换的转换条件,然后用状态转换图来表示每一个状态和误用事件。状态转换误用检测方法是针对事件序列分析,不善于分析复杂的事件,并且不能检测与系统状态无关的入侵。

2. 异常入侵检测

异常入侵检测指的是根据非正常行为(系统或用户)和非正常情况使用计算机资源检测入侵行为。例如某公司规定用户早上8点钟到下午5点钟之间在办公室使用计算机属于正常行为,那么用户A在晚上使用办公室计算机则属于异常行为,就有可能是入侵;用户B总是在下班后登录到公司的终端服务器或是在深夜时使用自己的账户远程登录也是不正常的。异常入侵检测试图用定量方式描述常规的或可接受的行为,以标记非常规的、潜在的入侵行为。如图4-10所示为异常入侵检测模型。

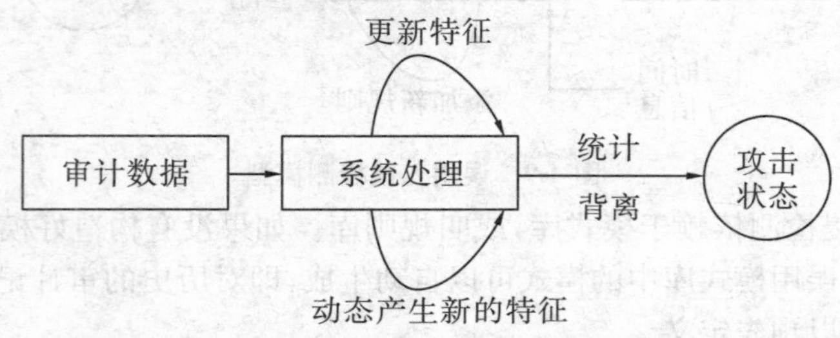

图4-10 异常入侵检测模型

异常入侵检测的主要前提是将入侵活动作为异常活动的子集。若有人闯入计算机系统,尽管没有危及用户资源使用的倾向和企图,但是依然存在入侵的可能性,还是将其行为当做异常处理。但是,入侵活动常常是由单个活动组合起来执行的,单个活动却与异常性无关。理想的情形是,异常活动集同入侵活动集是一样的。这样,识别所有的异常活动恰恰正是识别了所有的入侵活动,就不会造成错误的判断。可是,入侵活动并不总是与异常活动相符合的,这里存在4种可能性,每种情况的概率都不为零。

① 入侵性而非异常。活动具有入侵性却因为不是异常而导致不能检测到,这时候造成漏检,IDS不报告入侵行为。

② 非入侵性且是异常的。活动不具有入侵性,而由于它是异常的,IDS报告入侵行为,这时候造成虚报。

③ 非入侵性且非异常。活动不具有入侵性,IDS没有活动报告为入侵行为,这属于正确的判断。

④ 入侵且异常。活动具有入侵性且因为活动是异常的,IDS将其报告为入侵行为。

异常入侵检测要解决的问题就是构造异常活动集并从中发现入侵活动子集。异常入侵检测方法通过构造不同的异常模型来实现不同的检测方法,使用观测到的一组测量值偏离度来预测用户行为的变化并做出决策判断。目前,异常入侵检测主要采用的技术有统计分析、神经网络、贝叶斯推理和数据挖掘等方法。

(1) 统计分析异常检测

统计分析异常检测通过统计分析的方法对所检测系统中的用户以及系统的主体进行分析后建立相应的统计行为模式。然后定期对已有的模式进行更新使其能尽可能地反应用户行为随时间的推移而发生的变化。检测系统会给出并维护一个相应的模式库,其中的模式会给出多种度量方法来表示用户的正常行为,度量方法包括硬盘等存储介质的使用情况、文件的访问情况以及CPU的占用时间等,当判断用户的行为与正常的情况出现偏差时则认为发生了入侵行为。

该方法可以针对冒充合法用户的入侵行为,通过对异常行为的判断来确定入侵行为的发生。但该方法存在的不足主要体现为:对事件发生的次序不敏感,可能检测不出由先后发生的几个关联事件组成的入侵行为;对行为的检测结果要么是异常的,要么是正常的,攻击者可以利用这个弱点躲避IDS的检测。

(2) 神经网络异常检测

神经网络异常检测是将神经网络技术用于对系统和用户行为的学习,以检测未知的攻击。来自审计日志或正常网络访问行为的信息,经数据信息预处理模块的处理后产生输入向量,然后使用神经网络对输入向量进行处理,从中提取正常的用户或系统活动的特征轮廓。

神经网络异常检测的优点是不依赖于任何有关数据种类的统计假设,能够较好地处理干扰数据,能够更加简捷地表达出各种状态变量之间的非线性关系,而且能够自动学习。其缺点是网络的拓扑结构和每个元素的分配权重难以确定。

(3) 贝叶斯推理异常检测

贝叶斯推理异常检测是根据被保护系统当前各种行为特征的测量值进行推理,来判断是否有入侵行为的发生。系统的特征包括CPU利用率、系统中页面出错数量、磁盘I/O活动数量等,用异常变量A_i表示。根据各种异常测量的值、入侵的先验概率以及入侵发生时测量到的各种异常概率计算出入侵的概率。为了检测的准确性,必须考虑 A_i 之间的独立性。

(4) 数据挖掘异常检测

数据挖掘异常检测是从各种审计数据或网络数据流中提取相关的入侵知识,这些知识是隐含的、事先未知的潜在有用信息。提取的知识表示为概念、规则、规律和模式等形式,并用这些知识去检测异常入侵和已知入侵。

这种方法的优点在于适应处理大量数据的情况,但是,对于实时入侵检测时则还存在问题,需要开发出有效的数据挖掘算法和适应的体系。

4.2.4 构建入侵检测系统的一般过程

可以按照以下步骤构建一个基本的入侵检测系统。

1. 获取 libpcap 和 tcpdump

数据采集子系统位于 IDS 的最底层,其主要功能是从网络环境中获取事件,并向其他部分提供事件。网络数据的获取是进行入侵检测的基础,它的准确性、可靠性和效率直接影响整个系统的性能。目前,局域网普遍采用的是基于广播机制的 IEEE 802.3 协议,即以太网协议。该协议保证传输的数据包能被同一局域网的所有主机接受。利用这一特性,当网卡的工作模式设为混杂模式时,该网卡就可以接收到本网络段内的所有数据包,将入侵检测主机的网卡设置成该模式就可以获取本网络段的所有数据包。

获取网络数据包有很多方法,在此介绍的数据采集方式是 libpcap 和 tcpdump,它们具有强大、高效的截获数据包的能力,有多种参数可以选择,通过参数的组合可灵活地获取所需的数据包属性。

libpcap 是从 Unix 和 Linux 内核抓获数据包的必备工具,它可用于网络统计收集、安全监控和网络调试等。

tcpdump 是 Unix 最著名的嗅探器,其实现基于 libpcap 接口,具体执行过滤转换、包获取和包显示等操作。

libpcap 和 tcpdump 都可以从网上免费下载。

2. 构建并配置探测器

用户要根据实际的网络流量,选用合适的软件及硬件设备。如果网络数据流量很小,用一般的 PC 机安装 Linux 即可,如果所监控的网络流量非常大,则需要用一台性能较高的计算机。

① 在 Linux 服务器上设置一个日志分区,用于所采集数据的存储。

② 创建 libpcap 库。把下载的压缩包 libpcap. tar. zip 解压缩,解压缩后执行配置脚本,创建适合于自己系统环境的 Makefile,再用 make 命令创建 libpcap 库。

③ 创建 tcpdump。与创建 libpcap 的过程一样,先将压缩包解压到与 libpcap 相同的父目录下,然后配置、安装 tcpdump。

配置、创建、安装等操作一切正常后系统就能收集到网络数据流。

3. 建立数据分析模块

在设计此模块之前,开发者需要对各种网络协议、系统漏洞、攻击手法、可疑行为等有一个清晰、深入的研究,然后制定相应的安全规则库和安全策略,再分别建立异常检测模型和误用检测模型,让主机模拟自己的分析过程、识别异常行为和已知特征的攻击,最后将分析结果形成报警消息,发送给控制管理中心。

安全规则的制定要充分考虑包容性和可扩展性，以提高系统的伸缩性。报警消息要遵循特定的标准格式，增强其共享与互操作能力，切忌随意制定消息的格式。

4. 构建控制台子系统

控制台子系统负责向网络管理员汇报各种网络违规行为，并由管理员对一些恶意行为采取行动(如阻断、跟踪等)。控制台子系统的任务主要有两个：一是管理数据采集分析中心，以友好、便于查询的方式显示数据采集分析中心发送过来的警报消息；二是根据安全策略进行一系列的响应动作，以阻止非法行为，确保网络的安全。

控制台子系统的设计重点是警报信息查询、探测器管理、规则库管理及用户管理。

(1) 警报信息查询

网络管理员可以使用单一条件或复合条件进行查询，当警报信息数量庞大、来源广泛时，系统需要对警报信息按照危险等级进行分类，突出显示网络管理员需要的最重要信息。

(2) 探测器管理

控制台可以一次管理(包括启动、停止、配置、查看运行状态等)多个探测器，查询各个网段的安全状况，针对不同情况制定相应的安全规则。

(3)规则库管理

为用户提供一个能根据不同网段的具体情况灵活配置安全策略的工具，如一次定制可应用于多个探测器的默认安全规则等。

(4)用户管理

对用户权限进行严格的定义，提供口令修改、添加用户、删除用户、用户权限配置等功能，有效保护系统的安全性。

5. 构建数据库管理子系统

一个好的入侵检测系统不仅能为管理员提供实时、丰富的警报信息，还应详细地记录现场数据，以便日后需要取证时重建某些网络事件。数据库管理子系统的前端程序通常与控制台子系统集成在一起，用 MySQL 或其他数据库存储警报信息和其他相关数据。该模块的数据来源有两个：一个是数据分析子系统发来的报警信息及其他重要信息；另一个是管理员经过条件查询后对查询结果处理所得的数据，如生成的本地文件、格式报表等。

6. 系统联调

以上几步完成之后，一个 IDS 的基本框架已经完成。但要使这个 IDS 顺利地运转起来，还需要保持各个部分之间安全、顺畅地通信和交互，这就是联调工作所要解决的问题。

联调首先要实现数据采集分析中心和控制管理中心之间的通信，同时也要保证控制管理中心的控制台子系统和数据库子系统之间的安全通信。

4.2.5　Windows 平台下 Snort 的安装、配置和使用

1. Snort 概述

Snort 是一款非常好的免费入侵检测软件，具有小巧灵便、易于配置、检测效率高等特性，常被称为轻量级的入侵检测系统。它具有实时数据流量分析和 IP 数据包日志分析的能力，具有跨平台特征，能够进行协议分析和对内容的搜索匹配。Snort 能够检测不同的攻击行为，如缓冲区溢出、端口扫描和拒绝服务攻击等，并进行实时报警。

Snort 可以根据用户事先定义的一些规则分析网络数据流，并根据检测结果采取一定的

行动。Snort 有 3 种工作模式:嗅探器、数据包记录器和 NIDS。嗅探器模式仅仅是从网络上读取数据包并作为连续不断的数据流显示在终端上;数据包记录器模式是把数据包记录到硬盘上,以备分析之用;NIDS 模式功能强大,可以通过配置实现。

2. 实验目的

通过实验理解入侵检测系统的原理和工作方式,熟悉入侵检测工具 Snort 在 Windows 系统中的安装、配置和使用。

3. 实验环境

一台 Windows 2000/2003/XP 或更高级别的 Windows 操作系统。

4. 实验内容与步骤

在 Windows 环境下需要事先安装多种软件构建支持环境才能使用 Snort。表 4-1 列出了安装 Snort 所需要的 8 个软件以及它们在 Snort 使用中的作用。

表 4-1 安装 Snort 所需软件

软件名称	下载网址	作用
acid-0.9.6b23.tar.gz	http://www.cert.org/kb/acid	基于 PHP 技术的入侵检测分析控制台软件
Adodb360.zip	http://php.weblogs.com/adodb	Adodb(Active Data Objects Data Base)为 PHP 提供了统一的数据库连接
Apache_2.0.46-Win32-x86-no_src.msi	http://www.apache.org	Windows 下的 Apache Web 服务器安装软件
Jpgraph-1.12.2.tar.gz	http://www.aditus.nu/jpgraph	PHP 所用图形库软件
mysql-4.0.13-Win.zip	http://www.mysql.com	Windows 版本的 MySQL 数据库,用于存储 Snort 的日志、报警、权限等数据信息
php-4.3.2-Win32.zip	http://www.php.net	Windows 中 PHP 脚本的支持环境
Snort-2_0_0.exe	http://www.Snort.org	Windows 中的 Snort 安装包,它是入侵检测的核心部分
WinPcap_3_0.exe	http://Winpcap.polito.it	网络数据包截取的驱动程序软件,用于从网卡中抓取数据包信息

在光盘上复制出上述软件或下载完成上述软件后,可按照下面的步骤一步步安装和配置 Snort,注意下面每一个软件的安装目录。

(1) 安装 Apache 2.0.46

① Apache 必须安装在 C:\apache 文件夹下面,方法是运行 Apache 2.046 安装程序,依次点击"Next"按钮直至出现如图 4-11 所示的界面。

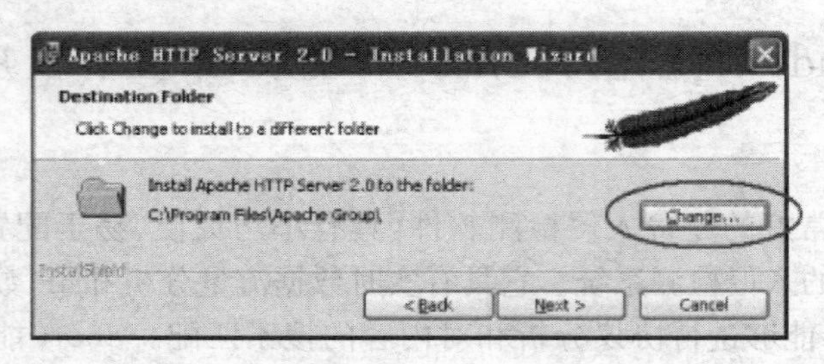

图 4-11 选择安装目录

单击“Change”按钮出现如图 4-12 所示的界面，在“Folder name”项中输入要安装 Apache 的目录“C:\apache”，单击“OK”按钮之后选择默认安装就行了。

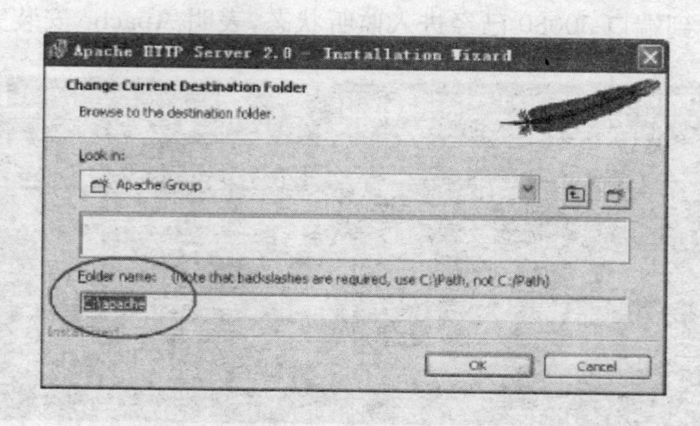

图 4-12　改变后的目录

安装 Apache 所有的步骤完成后会在电脑屏幕的右下角出现一个如图 4-13 所示的绿色图标，这表示 Apache 已经安装成功。

图 4-13　安装完 Apache 后的小图标

② 打开 C:\apache\apache2\conf\httpd.conf 文件（这个文件是 Apache 的配置文件），找到其中的“Listen80”一行，如图 4-14 所示。

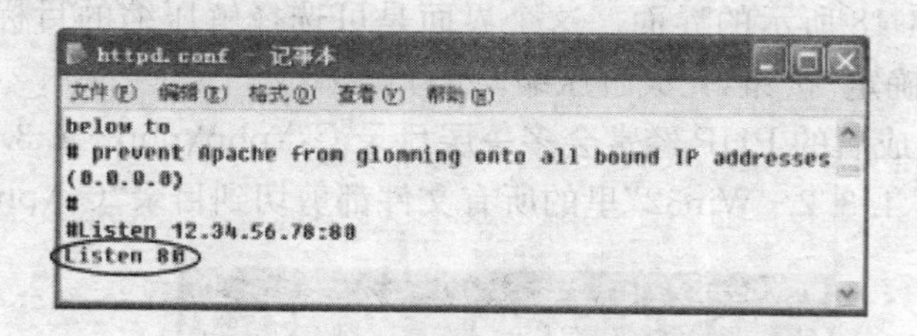

图 4-14　“Listen80”行

③ 将文件中的“Listen 80”更改为“Listen 50080”，如图 4-15 所示。

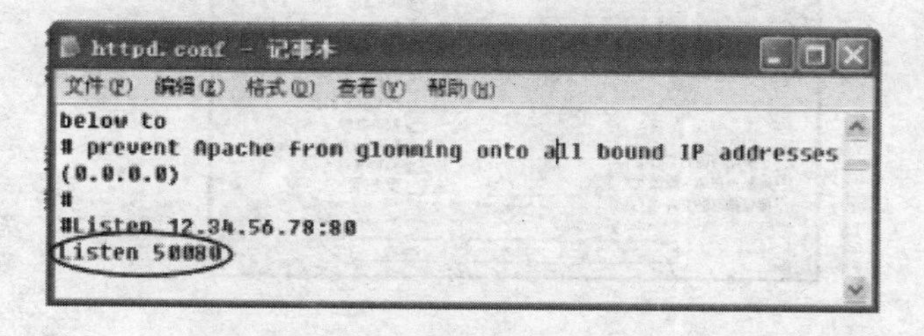

图 4-15　更改端口

④ 重新启动计算机。注意：这里其实是将 Apache 的监听端口更改了。重新启动计算机后，通过“开始”→“运行”→输入命令“cmd”进入 DOS 界面。如图 4-16 所示，输入命令“netstat-an”，可以看到端口 50080 已经进入监听状态，表明 Apache 安装完成。

```
C:\WINDOWS\system32\cmd.exe
Microsoft Windows XP [版本 5.1.2600]
(C) 版权所有 1985-2001 Microsoft Corp.

C:\Documents and Settings\chenxiangwu>cd\

C:\>netstat -an

Active Connections

  Proto  Local Address          Foreign Address        State
  TCP    0.0.0.0:135            0.0.0.0:0              LISTENING
  TCP    0.0.0.0:445            0.0.0.0:0              LISTENING
  TCP    0.0.0.0:50080          0.0.0.0:0              LISTENING
  TCP    59.64.158.161:139      0.0.0.0:0              LISTENING
  TCP    59.64.158.161:1029     207.46.28.94:80        TIME_WAIT
```

图 4-16 50080 端口已经进入监听状态

(2) 安装 PHP

① 将文件 php-4.3.2-Win32.zip 解压缩至 C:\php。方法是右击 php-4.3.2-Win32.zip 文件，选择“解压缩文件”，如图 4-17 所示。

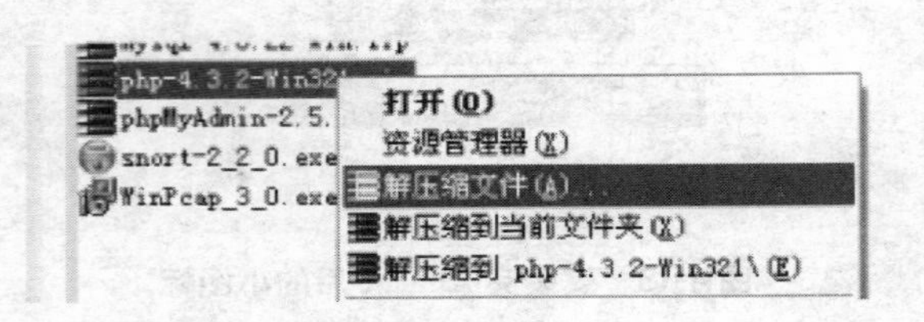

图 4-17 选择 PHP 安装文件进行解压

此时出现如图 4-18 所示的界面。这个界面是可选择解压缩的目标路径。在这里输入“C:\php”，再单击“确定”按钮，完成解压缩。

注意：解压缩完成后的 PHP 经常会多一层目录 C:\php\php-4.3.2-Win32。可以将目录“C:\php\php-4.3.2-Win32”里的所有文件都剪切到目录“C:\php”中。

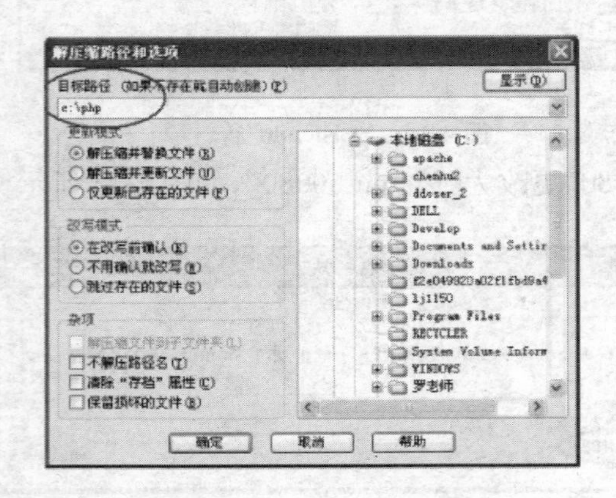

图 4-18 选择输入解压缩的目标路径

② 将目录 C:\php 下的 php4ts. dll 文件复制到%systemroot%\system32 目录下。

注意:这里的%systemroot%目录指的是操作系统的安装目录,例如在 Windows XP 操作系统下%systemroot%目录指的是 C:\Windows 目录。

③ 将目录 C:\php 下的 php. ini - dist 文件复制到%systemroot%\目录下,再将这个文件更名为 php. ini。

④ 添加系统对 gd 图形库的支持。方法是在%systemroot%\php. ini 文件中添加“extension=php_gd2. dll”。如果 php. ini 中有该句,将此语句前面的“;”注释符去掉,如图 4-19 所示。

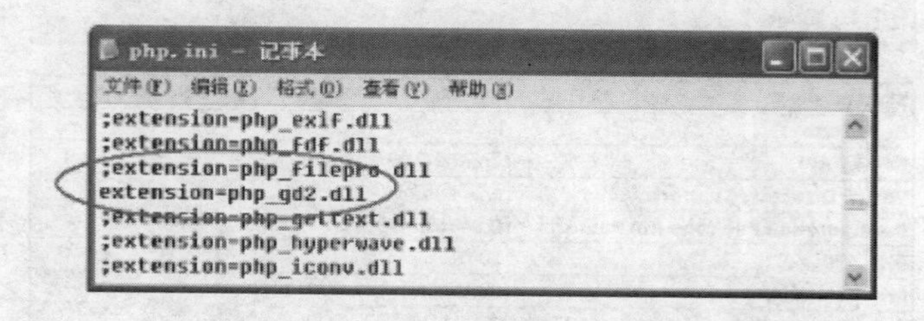

图 4-19　修改 php. ini 配置文件

⑤ 将文件 C:\php\extensions\php_gd2. dll 复制到目录 C:\php\下。

⑥ 添加 Apache 对 PHP 的支持。方法是在 C:\apache\apache2\conf\httpd. conf 文件中添加如下两行:

LoadModule php4_module“C:/php/sapi/php4apache2. dll”

AddType application/x - httpd - php. php

⑦ 启动 Apache。单击“开始”按钮,选择“运行”,在弹出的窗口中输入“cmd”进入命令行方式,输入命令“net start apache2”。

如果出现如图 4-20 所示的界面,则表明系统已经启动了 Apache。如果出现如图 4-21 所示的界面,则表明启动 Apache 成功。这样,在 Windows 下就可以使用 Apache 了。

图 4-20　Apache 已经启动

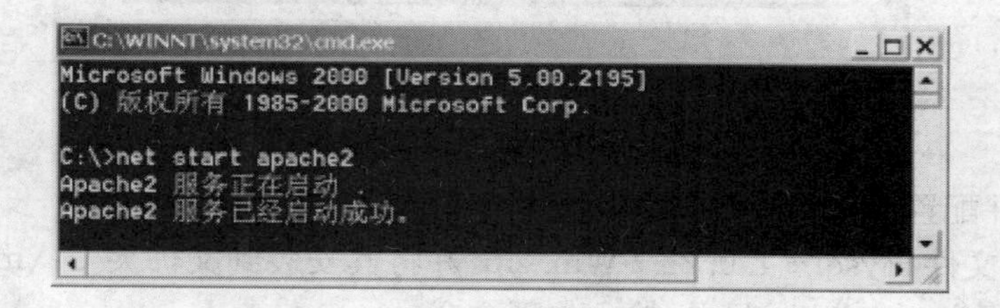

图 4-21　启动 Apache 成功

⑧ 在 C:\apache\apache2\htdocs 目录下新建一个文本文件 test. txt，再将这个文本文件更名为 test. php。用写字板打开 test. php 文件，添加文件内容为“＜? phpinfo( );?＞”。这一步主要是用来测试前面的安装是否成功。

⑨ 在浏览器地址栏中输入 http://127. 0. 0. 1:50080/test. php，测试 PHP 是否成功安装，如成功安装，则会在浏览器中出现如图 4-22 所示的测试页。

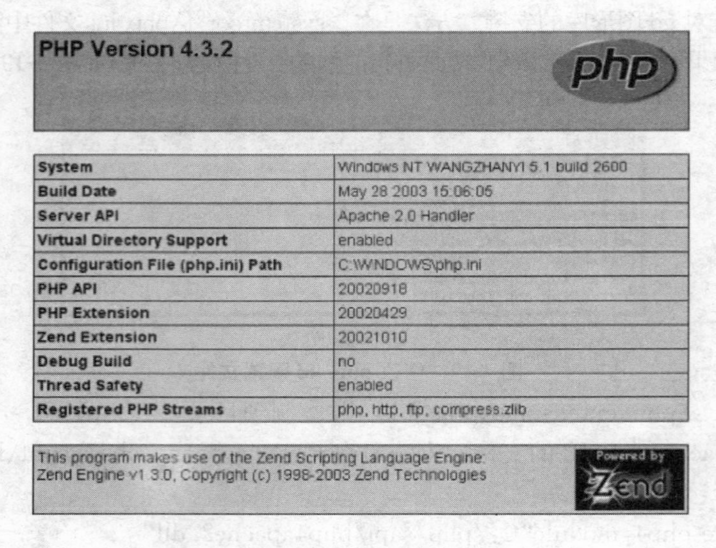

System	Windows NT WANGZHANYI 5.1 build 2600
Build Date	May 28 2003 15:06:05
Server API	Apache 2.0 Handler
Virtual Directory Support	enabled
Configuration File (php.ini) Path	C:\WINDOWS\php.ini
PHP API	20020918
PHP Extension	20020429
Zend Extension	20021010
Debug Build	no
Thread Safety	enabled
Registered PHP Streams	php, http, ftp, compress.zlib

图 4-22 PHP 测试页

(3) 安装 Snort

双击文件 Snort - 2_0_0. exe，将 Snort 安装到路径 C:\Snort 下，直到出现如图 4-23 所示的安装完成界面。注意：这里的路径不要安装错误。

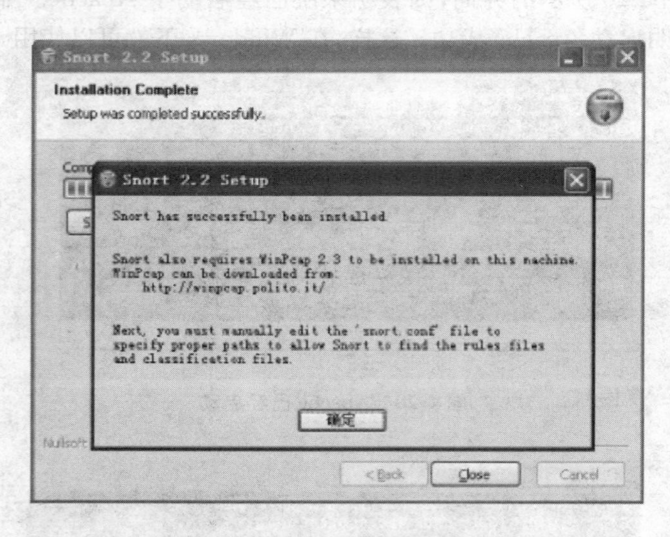

图 4-23 Snort 安装完成

(4) 安装并配置 MySQL 数据库

① 解压缩文件 mysql - 4. 0. 22 - Win. zip，并将其安装到文件夹 C:\mysql 中。在命令行方式下进入 C:\mysql\bin 目录，输入如下命令：

C:\mysql\bin\mysqld - nt - install

这将使 MySQL 在 Windows 中以服务方式运行。

② 在命令行方式下输入“net start mysql”,启动 MySQL 服务。

③ 单击“开始”→“运行”→输入“cmd”,在命令行窗口中输入如下命令:

C:\>cdmysql\bin

C:\mysql\bin>mysql - u root - p

如图 4-24 所示,出现 Enter password 提示符后直接回车,就以默认的没有密码的 root 用户登录 MySQL 数据库。

```
C:\>cd mysql\bin

C:\mysql\bin>mysql -u root -p
Enter password:
Welcome to the MySQL monitor.  Commands end with ; or \g.
Your MySQL connection id is 1 to server version: 4.0.22-debug

Type 'help;' or '\h' for help. Type '\c' to clear the buffer.

mysql>
```

图 4-24　以 root 用户登录 MySQL 数据库

④ 在 MySQL 提示符后输入如下命令(“(mysql>)”表示屏幕上出现的提示符):

(mysql>)create database Snort;

(mysql>)create database Snort_archive;

注意:mysql 命令必须以分号结尾,也就是说输入分号后 mysql 才会被编译执行语句。上面的 create 语句建立了 Snort 运行时所必需的 Snort 数据库和 Snort_archive 数据库。

⑤ 输入“quit”命令退出 mysql 后,在出现的提示符之后输入:

(C:\mysql\bin>)mysql - D Snort - u root - p <C:\Snort\contrib\create_mysql

(C:\mysql\bin>)mysql - D Snort_archive - u root - p <C:\Snort\contrib\create_mysql

前一句表示以 root 用户身份来使用 C:\Snort\contrib 目录下的 create_mysql 脚本文件来建立数据库所要使用的数据表。后一句表示在 Snort 数据库和 Snort_archive 数据库中建立了 Snort 运行时所必需的数据表。

注意:以此形式输入的命令后没有“;”。屏幕上会出现密码输入提示,由于这里使用的是没有密码的 root 用户,直接回车即可。

⑥ 进行到第③步,以 root 用户登录 mysql 数据库,此时在提示符后输入下面的语句:

(mysql>)grant usage on *. * to “acid”@“localhost ”identified by “acid - test”;

(mysql>)grant usage on *. * to “Snort”@“localhost ”identified by “Snort - test”;

上面两个语句表示在本地数据库中建立了 acid(密码为 acid-test)和 Snort(密码为 Snort-test)两个用户。

⑦ 在 mysql 提示符后面输入下面的语句:

(mysql>)grant select,insert,update,delete,create,alter on Snort. * to“acid”@“localhost ”;

(mysql>)grant select,insert on Snort. * to“Snort”@“localhost ”;

(mysql>) grant select, insert, update, delete, create, alter on Snort _ archive. * to “acid”@“localhost ”;

这些语句表示为新建的用户在 Snort 和 Snort_archive 数据库中分配权限。

到此为止，MySQL 数据库的安装与配置就完成了。

(5) 安装 Adodb

将文件 adodb453.zip 解压缩到 C:\php\adodb 目录下，即完成了 Adodb 的安装。这里需要注意解压缩的目录。

注意：这里不要多一层目录，因为经常会将文件解压缩到错误的目录 C:\php\adodb\adodb 下，这样就多了一层目录。

(6) 安装配置数据控制台 ACID

① 解压缩文件 acid-0.9.6b23.tar.gz 至 C:\apache\apache2\htdocs\acid 目录下。

注意：这里不要多一层目录，因为经常会将文件解压缩到错误的目录 C:\apache\apache2\htdocs\acid\acid 下，这样就多了一层目录。

② 用写字板来打开 C:\apache\apache2\htdocs\acid 下的 acid_conf.php 文件来进行如下修改：

```
$DBlib_path="C:\php\adodb";
$DBtype="mysql";
$alert_dbname="Snort";
$alert_host="localhost";
$alert_port="3306";
$alert_user="acid";
$alert_password="acidtest";
/* Archive DB connection parameters */
$archive_dbname="Snort_archive";
$archive_host="localhost";
$archive_port="3306";
$archive_user="acid";
$archive_password="acidtest";
$ChartLib_path="C:\php\jpgraph\src";
```

注意：修改时要将文件中对应内容注释掉，或者直接覆盖。

③ 在浏览器里输入“http://127.0.0.1:50080/acid/acid_db_setup.php”，出现如图4-25所示的页面。

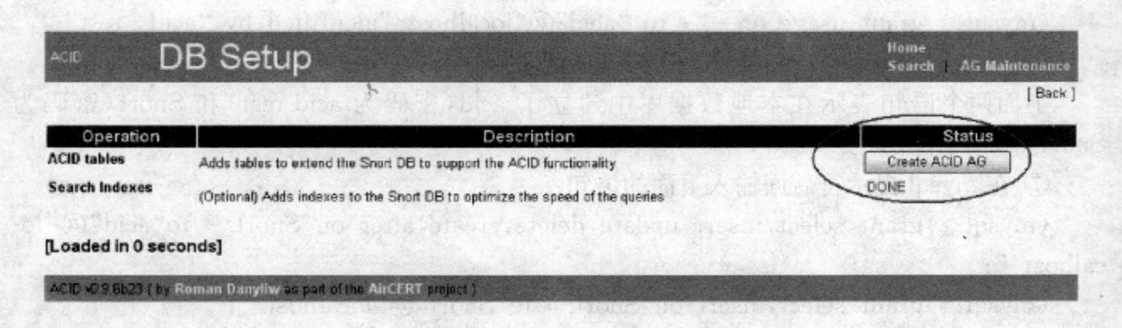

图 4-25 ACID 网页

单击“Create ACID AG”按钮，按照系统提示建立数据库，正常建立后出现如图 4-26 所示的页面，这表示 ACID 数据库成功建立了。

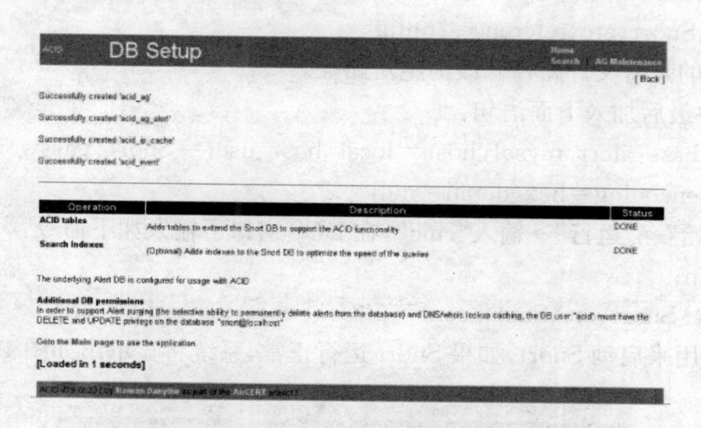

图 4-26　成功建立 ACID 数据库

（7）安装 Jpgraph 库

解压缩 jpgraph－1.12.2.tar.gz 文件到 C:\php\jpgraph 目录。修改 C:\php\jpgraph\src 下的 jpgraph.php 文件，如图 4-27 所示。去掉前面语句的注释符，如图 4-28 所示。

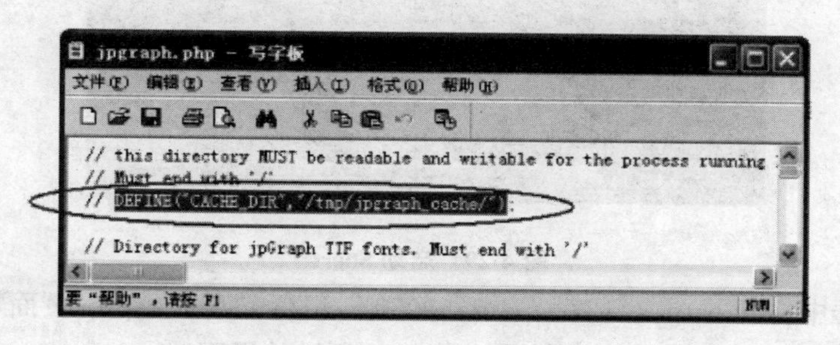

图 4-27　jpgraph.php 文件

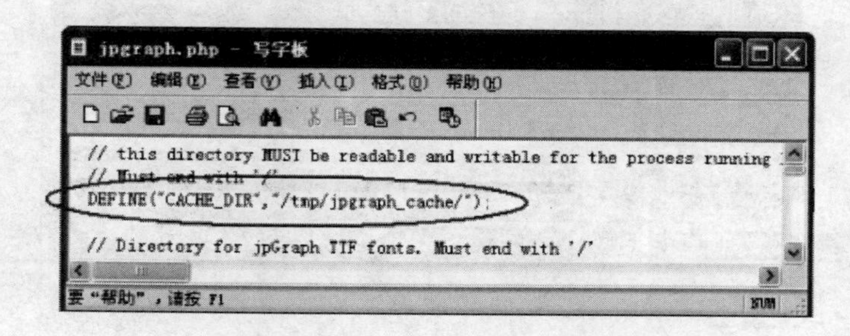

图 4-28　更改 jpgraph.php 文件

（8）安装 Winpcap

在默认选项和默认路径下安装 Winpcap 软件，该软件是用来抓包的。

（9）配置并启动 Snort

① 用写字板打开 C:\Snort\etc\Snort.conf 文件，修改文件中的下列语句：

Include classification.config

Include reference.config

修改后为：

Include C:\Snort\etc\classification. config

Include C:\Snort\etc\reference. config

这样做的目的是将文件路径修改为绝对路径。

② 在该文件最后加入下面语句：

output database:alert,mysql,host=local host user=Snort password=Snort - test dbname=Snort encoding=hex detail=null

③ 单击“开始”→“运行”→输入“cmd”,在 DOS 窗口下输入如下命令：

cd Snort\bin;

Snort - c“C:\Snort\etc\Snort. conf”- l“C:\Snort\log”- d - e - X

上面的命令用来启动 Snort,如果 Snort 运行正常,系统将显示出如图 4-29 所示的信息。

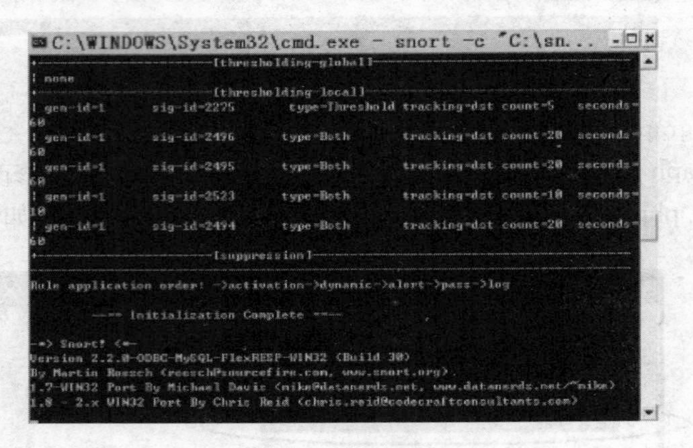

图 4-29 启动 Snort

④ 在浏览器中打开 http://127. 0. 0. 1:50080/acid/acid_main. php 页面,进入 ACID 分析控制台主界面。如果成功,系统将出现如图 4-30 所示的界面。

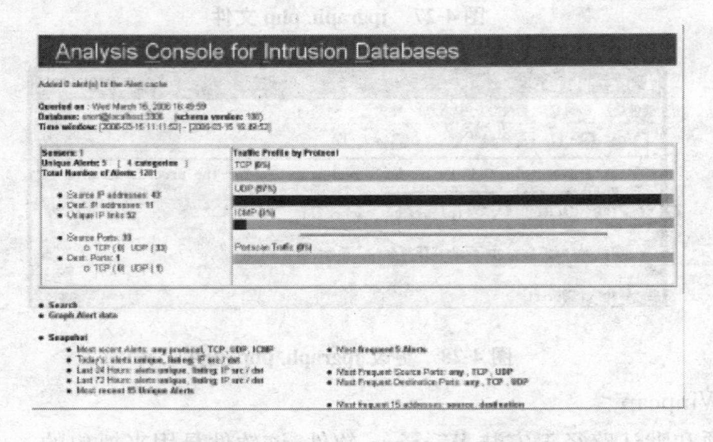

图 4-30 ACID 分析控制台主界面

到此为止,Snort 入侵检测系统就安装完成了。

(10) Windows 下 Snort 的使用

① 打开 Snort 的规则配置文件 C:\Snort\etc\Snort. conf,查看现有配置。

② 设置 Snort 的内、外网检测范围。在 Snort. conf 文件中找到语句 var HOME_NET any，如图 4-31 所示。

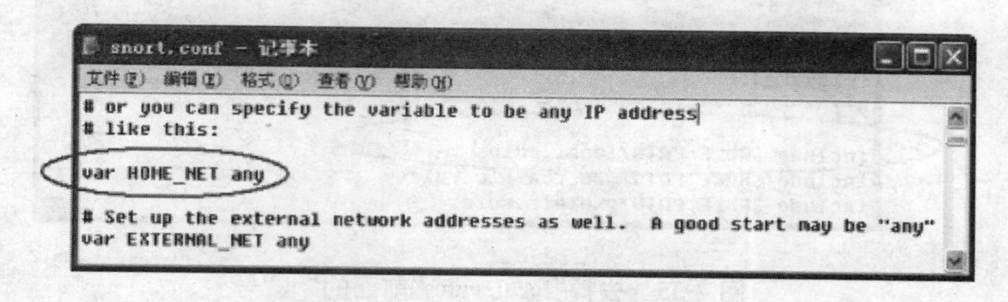

图 4-31　Snort. conf 规则文件

③ 查看本机 IP 所在网段，方法是在 DOS 状态下，输入命令"ipconfig - all"，这时会出现如图 4-32 所示的界面。从图中可以看出，本机的 IP 地址为 192. 168. 1. 92。

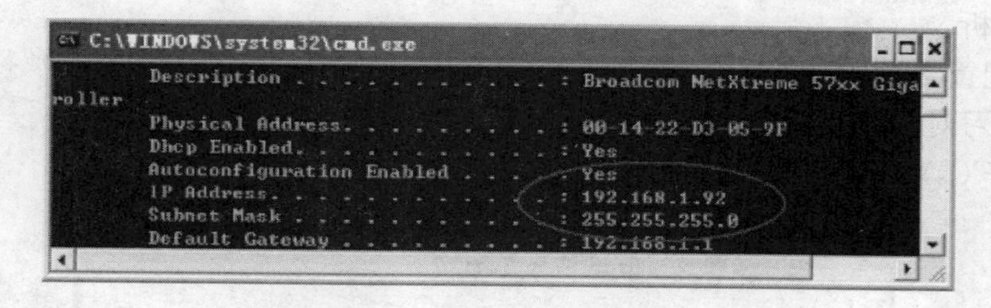

图 4-32　查看本机的地址信息

④ 将 Snort. conf 文件中"var HOME_NET any"语句中的"any"改为本机所在的子网地址，即将 Snort 监测的内网设置为本机所在局域网。例如本地 IP 为 192. 168. 1. 92，则将"any"改为"192. 168. 1. 1/255"，如图 4-33 所示。

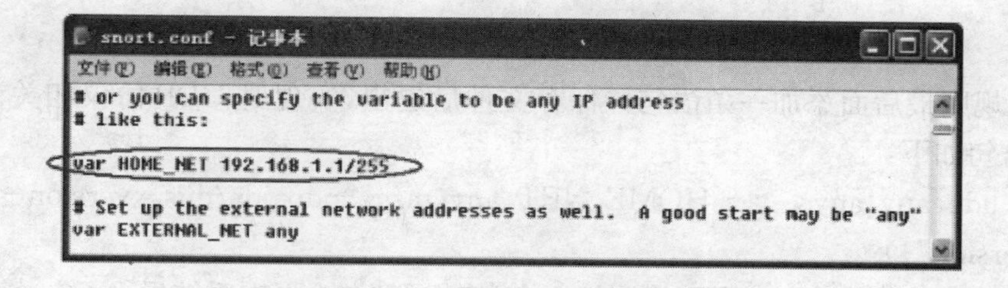

图 4-33　设置要检测的网段

⑤ 设置监测包含的规则。找到 Snort. conf 文件中描述规则的部分，如图 4-34 所示。

图 4-34　Snort. conf 规则部分

规则前面加＃表示该规则没有启用。将"local. rules"之前的"＃"号去掉，其余规则保持不变(当然也可以设置其他规则),如图 4-35 所示。

图 4-35 去掉"local. rules"前面的"#"号

⑥ 单击图 4-30 中右侧 TCP 后的百分比,将显示所有检测到的 TCP 协议日志详细情况。TCP 协议日志网页中的选项依次为流量类型、时间戳、源地址、目标地址以及协议。

⑦ 选择图 4-30 中的"last 24 hours:alerts unique",可以看到 24 小时内特殊流量的分类记录和分析。

(11) 配置 Snort 规则

下面练习对 Snort 添加一条规则,以对符合此规则的数据包进行检测。

① 打开 C:\Snort\rules\local. rules 规则文件,如图 4-36 所示。

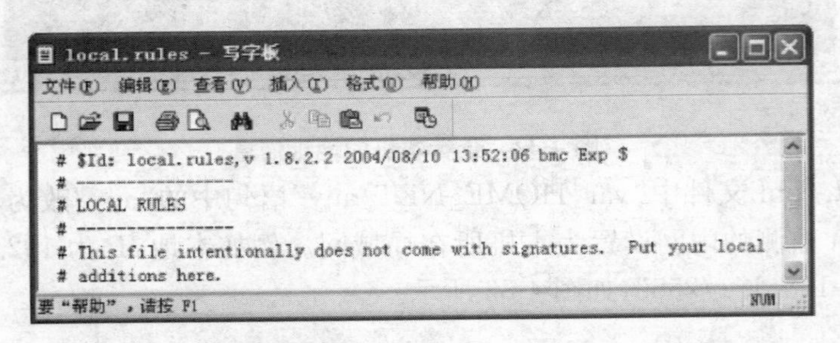

图 4-36 local. rules 规则文件

② 在规则最后面添加一条语句并保存文件后退出,实现对 UDP 协议相关流量进行检测报警,语句如下:

alert udp any any<>$HOME_NET any(msg:"udp ids/dns-version-query";con-tent:"version";)

③ 重新启动 Snort 和 ACID 检测控制台,使规则生效,再查看结果。

4.3 任务 10:入侵防御技术

随着计算机和网络技术应用的日益普及,网络安全问题也日益突出。网络仿冒、网站篡改、网页恶意代码、木马主机、蠕虫病毒、拒绝服务攻击(DOS)、针对远程主机非授权访问(R2L)的攻击等网络安全问题层出不穷。为此人们开发出了许多针对具体安全问题的技术和系统。例如公钥基础设施、鉴别与认证、防火墙、入侵检测系统、虚拟专用网 VPN 等技术,其中防火墙和入侵检测系统是目前两种主要的网络安全技术,发展相对成熟。但是由于它们本身存在一些固有的缺陷,因此这两种防护手段不能对网络进行全面的保护,例如防火墙不能防御IP地址欺骗攻击，很多攻击都可以绕过防火墙，只能提供粗粒度的防御；入侵检测系统是并联在网络上，时效性较差，无法在入侵危害产生之前进行有效的阻止。这样就急需出现一种新的安全机制来弥补防火墙和入侵检测系统的不足。

入侵防御系统正是在这样的思想指导下诞生的，它是一种主动的、积极的入侵防范、阻止系统，它部署在网络的进出口处，当检测到攻击企图后，会自动地将攻击包丢掉或采取措施将攻击源阻断。

4.3.1　入侵防御系统的定义和功能

入侵防御系统(IPS)是指能够检测已知和未知的攻击，防止误用和滥用、异常和非授权使用网络资源的硬件和软件系统。它是一种主动的、积极的入侵防范和嵌入式阻挡系统，当它检测到攻击企图后，会自动地将攻击包丢弃或采取措施将攻击源阻断。

入侵防御系统虽然是在防火墙和入侵检测技术基础上提出的，但又区别于二者——它是一个能够对入侵行为进行检测和响应的“主动防御”系统，可以实现下面3个功能：

1. 拦截恶意流量

入侵防御系统可以预先自动拦截黑客攻击、蠕虫、网络病毒、DDOS(分布式拒绝服务)等恶意流量，使攻击无法到达目标主机，这样即使没有及时安装最新的安全补丁，网络内的主机也不会受到损失。

2. 实现对传输内容的深度检测和安全防护

入侵防御系统提供对面向应用层和内容层的网络内容安全防护，可以检测并阻断间谍软件、木马及后门，并可以对即时通信软件、在线视频等传输内容进行深层次的监控及阻断。

3. 对网络流量监测的同时进行过滤

目前企事业网络的带宽资源经常被严重占用，主要是在正常流量中夹杂了大量的非正常流量，如蠕虫病毒、DDOS攻击等恶意流量以及P2P下载、在线视频等垃圾流量，造成网络堵塞。入侵防御系统可以过滤正常流量中的恶意流量，同时对垃圾流量进行控制，为网络加速，还企事业一个干净、可用的网络环境。

4.3.2　入侵防御系统的工作原理

入侵防御系统是串联部署在网络中的，受保护网段与其他网络之间交互的数据流都必须经过IPS设备。因此，它至少有两个网络端口，一个连接到内部网络，另一个连接到外部网络，通过检测流经的网络流量，从而实现对网络系统的安全保护，其部署方式如图4-37所示。

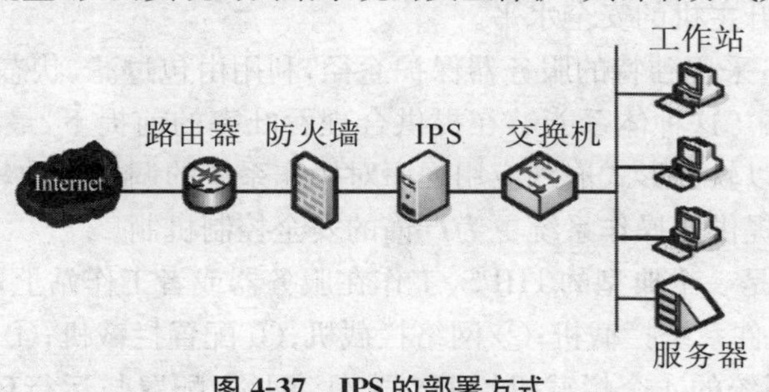

图4-37　IPS的部署方式

当数据包流经任何一个网卡接口时,IPS会根据数据包的包头和流信息对包进行分类。不同类别的数据包将被传递给检测引擎中不同的过滤器进行过滤。每个过滤器都是并行工作的,它将每个数据包的特征与检测引擎中的规则逐条进行匹配。若数据包的特征与其中的任何一条规则相匹配,那么该数据包将被标记为命中,说明有攻击发生,IPS将发出报警并丢弃该数据包或阻断会话,同时更新与该数据包相关的流状态信息,当该会话流的其他数据包到达IPS时,数据包也将被立即丢弃;若数据包未匹配检测引擎中的任何一条规则,则该数据包会被视为正常,将顺利通过IPS,IPS的工作原理如图4-38所示。

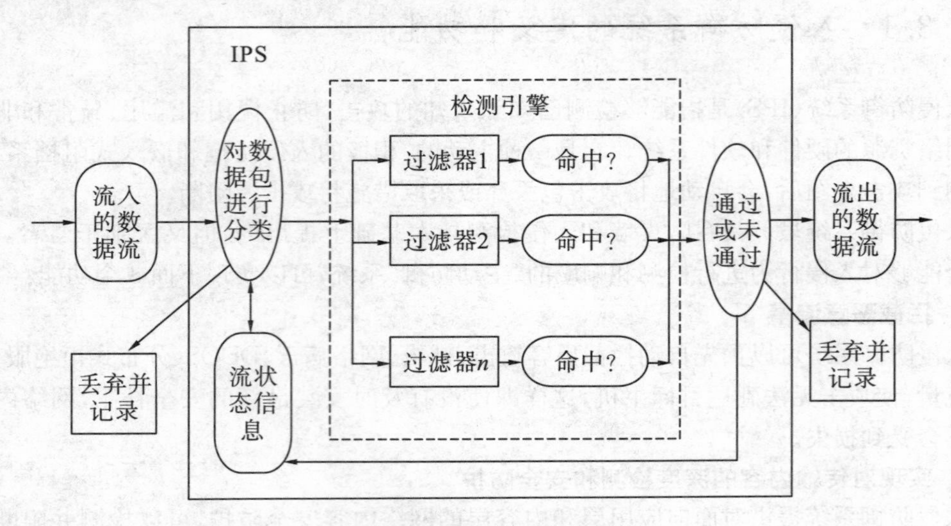

图4-38　IPS的工作原理

4.3.3　入侵防御系统的分类

入侵防御系统根据其工作平台主要可分为3类:基于主机的入侵防御系统(HIPS:Host-based IPS)、基于网络的入侵防御系统(NIPS:Network-based IPS)以及应用入侵防御系统(AIPS:Application IPS)。

1. 基于主机的入侵防御系统

基于主机的入侵防御系统(HIPS),通过在主机/服务器上安装系统,防止网络攻击入侵操作系统以及应用程序。基于主机的入侵防御能保护服务器的安全弱点不被不法分子所利用。可以根据自定义的安全策略以及分析学习机制来阻断对服务器、主机发起的恶意入侵。可以阻断缓冲区溢出、改变登录口令、改写动态链接库以及其他试图从操作系统读取控制权的入侵行为,整体提升主机的安全水平。

在技术上,HIPS采用独特的服务器保护途径,利用由包过滤、状态包检测和实时入侵检测组成分层防护体系。这种体系能够在提供合理吞吐率的前提下,最大限度地保护服务器的敏感内容,既可以以软件形式嵌入应用程序对操作系统的调用当中,也可以以更改操作系统内核模块的方式,提供比操作系统更为严谨的安全控制机制。

StormWatch就是一个典型的HIPS,工作在服务器或者工作站上,它具有4个针对系统调用的拦截机:① 文件系统拦截机;② 网络拦截机;③ 配置拦截机;④ 执行空间(运行环境)拦截机。通过调用系统的4个拦截机拦截对文件、网络、配置与运行环境的操作,然后把它们与特定应用程序的访问控制规则和策略进行比较,对于正常的系统调用传给内核,恶意的系统调用则给予阻止。

2. 基于网络的入侵防御系统

基于网络的入侵防御系统(NIPS),通过检测流经的网络流量,提供对网络系统的安全保护。NIPS可采用2种工作模式:一种是采取端口映像模式,将网络流量进行复制并接收外部网络的数据流量;另一种是串联方式,采取在线模式嵌入网络流量中,通过一个网络端口接收外部网络的数据流量。

NIPS的关键部位是检测引擎。检测引擎会根据报头信息,如源/目的IP地址、网络流向、端口号和协议类型等对所有流经NIPS的数据包进行分类,然后将不同类型的数据包送到相应的过滤器进行过滤,这些过滤器会对数据包的内容进一步深层检查。若攻击者是利用从数据链路层到应用层的漏洞发起的攻击,那么NIPS就能够检查出这些攻击并加以阻止。

Attack Mitigator就是一个NIPS实现的典型例子。该系统是一个高可靠性、高性能、基于ASIC的转发设备。Attack Mitigator由5个模块组成:① 安全核心引擎;② 抗DOS/DDOS引擎;③ 抗蠕虫和80端口攻击引擎;④ 流量异常引擎;⑤ 入侵响应引擎。通过这5大模块,它可以对不断增长的网络攻击和入侵行为进行准确、可靠的检测,能够通过转发、限制或丢弃等操作精确地控制数据流量。

3. 应用入侵防御系统

AIPS是HIPS产品的一个特例,它是一种代替HIPS的专门针对性能和应用级安全的专用设备。它将主机入侵防御的功能延伸到驻留应用服务器之前并被部署在应用数据通路中,目的是保证用户遵守已确定的安全策略,阻挡攻击进入应用环境,从而保护应用服务器的安全。它可以防止包括Cookie篡改、SQL代码嵌入、缓冲区溢出、畸形数据包、数据类型不匹配及已知漏洞等多种入侵。由于应用的大部分攻击必须经过服务器端口80(HTTP)或443(SSL),AIPS主要部署于诸如面向Web、依赖HTTP或SSL协议的应用系统中。

4.3.4 入侵防御系统的配置和使用

1. 实验目的

通过实验深入理解入侵防御系统的原理和工作方式,熟悉入侵防御系统的配置和使用。

2. 实验环境

本实验以绿盟公司的百兆产品冰之眼NIPS-200为例,介绍IPS的使用和配置。此外还需要安装了Windows XP/2003操作系统的PC机用来对IPS进行配置,需要若干集线器或支持SPAN的交换机等网络连接设备用于搭建网络环境。

3. 实验内容与步骤

在IPS实验中,将以绿盟公司的百兆产品冰之眼NIPS-200为例,介绍IPS的配置和使用方法。IPS和IDS类似,也包括探测器和控制台两部分,探测器部署在网络中检测或者过滤异常数据包,控制台用于实现对探测器的统一远程管理。

IPS可以采用串联方式,也可和IDS类似采用旁路方式,串联方式可实现对网络传输数据包的实时拦截,旁路方式只能实现检测和报警。在本实验中,将IPS的探测器串联在内外网边界，对流过的数据包进行检测、过滤和拦截。控制台通过网络与探测器进行连接，对探测器检测和拦截的信息进行管理，IPS 的网络连接拓扑图如图 4-39 所示。

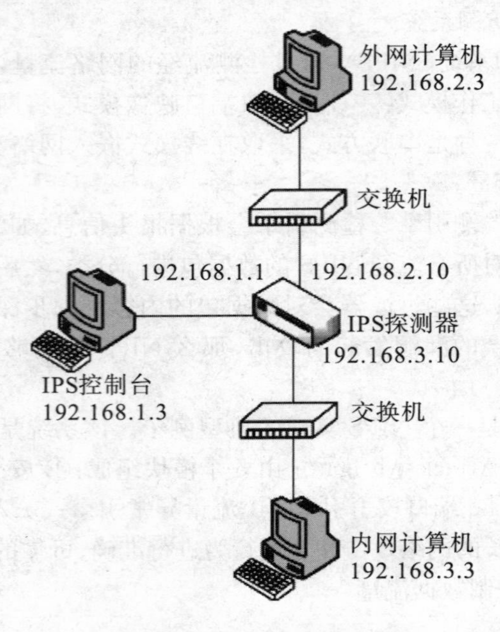

图 4-39　IPS 的网络拓扑图

(1) NIPS 探测器的配置

在实验中，首先查看使用手册，将用于配置的计算机通过网线连接到探测器的 192.168.1.1 接口，两者设为同一网段，然后在浏览器中输入“https://192.168.1.1”，通过采用 SSL 协议的 Web 配置界面配置探测器。

① 网络接口的配置。NIPS 探测器和 NIDS 探测器的 Web 配置界面完全相同，两者都需要先配置各个接口的 IP 和安全区，NIPS 的配置方法和 NIDS 的也相同，这里就不再重复了。配置完成后，NIPS 的网络接口状态如图 4-40 所示，其中，eth0 属于带外管理安全区，用于控制台进行远程网络管理，eth2 属于内网安全区，连接企业内部局域网，eth3 属于外网安全区，用于连接外部网络。

接口名称	接口IP	网络掩码	双工模式	连接速率(Mb)	所属安全区	状态	配置
eth0	192.168.1.1	255.255.255.0	full	auto	带外管理	●	编辑
eth1	192.168.2.1	255.255.255.0	full	auto	监听	●	编辑
eth2	192.168.2.10	255.255.255.0	full	auto	内网	●	编辑
eth3	192.168.3.10	255.255.255.0	full	auto	外网	●	编辑

图 4-40　NIPS 的网络接口状态

此外，在本实验中 NIPS 还要配置其路由功能和入侵防御功能。NIPS 探测器因为被串联在内外网之间，还要配置其路由功能，实现内外网数据包的相互转发。为了启动对数据包内容和应用层的拦截和过滤，需启动其入侵防御功能。

② 路由功能配置。打开“网络”菜单，单击“路由”中的“静态路由”，默认路由为空，单击“新建”，在打开的路由配置界面中，指定目标 IP、网关地址、接口等信息设置 2 条静态路由，如图 4-41 所示。配置完成后，为 NIPS 给内外网转发数据包配置 2 条基本的静态路由，如图

4-42 所示。路由配置完成后,内外网之间可以相互连通。

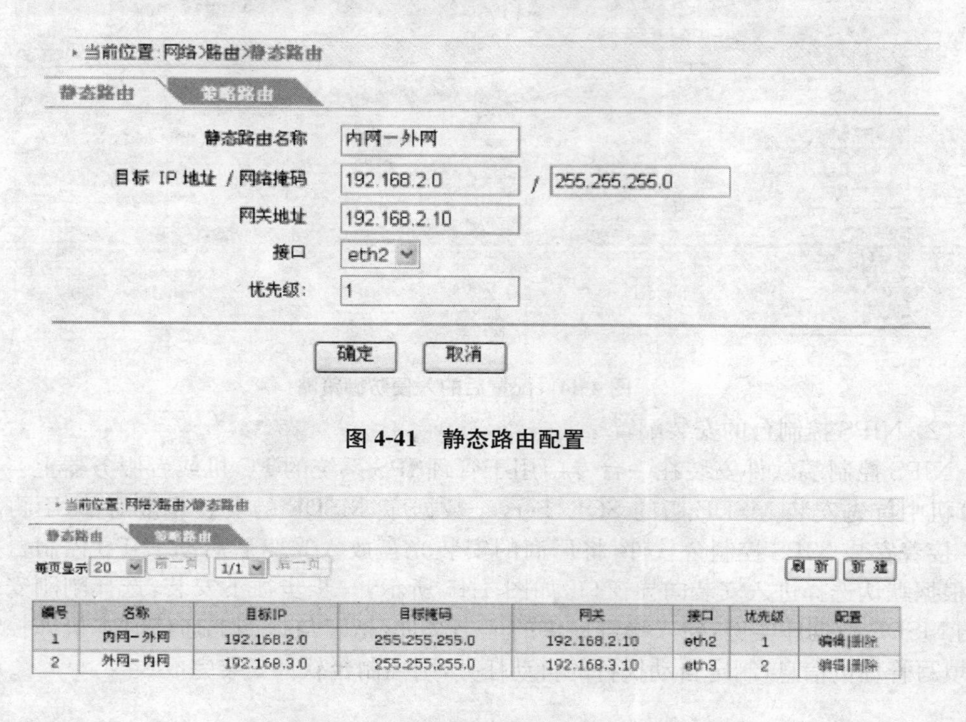

图 4-41　静态路由配置

当前位置:网络>路由>静态路由　静态路由　策略路由　每页显示 20　前一页　1/1　后一页　刷新　新建

编号	名称	目标IP	目标掩码	网关	接口	优先级	配置
1	内网-外网	192.168.2.0	255.255.255.0	192.168.2.10	eth2	1	编辑|删除
2	外网-内网	192.168.3.0	255.255.255.0	192.168.3.10	eth3	2	编辑|删除

图 4-42　NIPS 配置的内外网间的静态路由

③ 入侵防御策略配置。入侵防御策略是对于内外网之间流通的数据包进行过滤和拦截。首先,进入“策略”菜单,单击“入侵保护”,在“源安全区”和“目的安全区”中选定安全区,例如本实验中对外网进入内网的数据包进行过滤,则在源和目的中分别选定“外网”和“内网”,单击“新建”即可配置该条策略,如图 4-43 所示。分别将“源地址对象”和“目的地址对象”设置为“外网主机”和“内网主机”,对于要过滤和拦截的“事件对象”,可以按照需要选择特定拦截对象,也可以选择“any”,对所有对象都进行拦截,拦截的“动作”设置为“禁止”。单击“确定”后,可以看到增加的这条入侵防御规则,如图 4-44 所示。可以根据具体需要,再增加其他入侵防御规则,以便对内外网之间流通的数据再进行详尽的过滤。至此,NIPS 探测器的主要入侵防御功能配置完成。

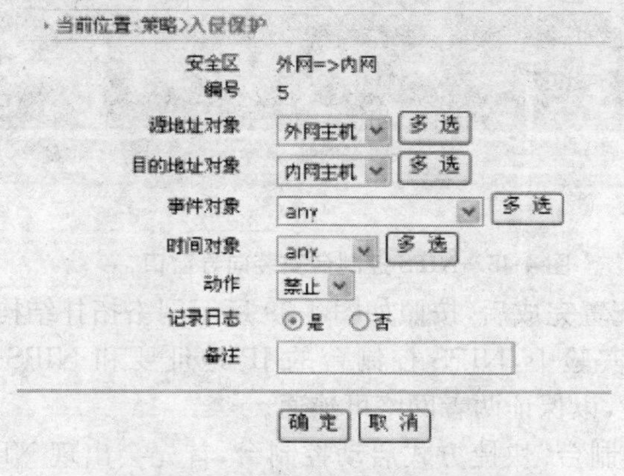

图 4-43　入侵防御策略配置界面

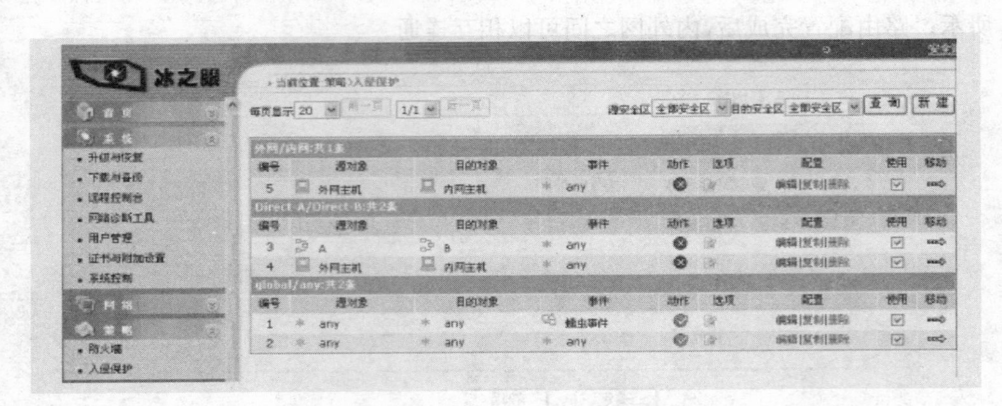

图 4-44 配置后的入侵防御策略

(2) NIPS 控制台的安装配置

NIPS 控制端软件安装在一台专门用于管理 IPS 系统的 PC 机或者服务器上。在这台计算机中首先安装 MSDE 版的 SQL Server 数据库，MSDE 的安装非常简单，不再详细叙述。接着安装 NIPS 控制台软件，将厂商的安装光盘放入光驱后启动 NIPS 控制台安装程序，根据默认选择进入安装向导窗口，如图 4-45 所示，一步步往下安装，选择刚刚安装在本机的 MSDE 数据库实例，导入绿盟提供的证书文件，指定与探测器通信时本机即控制台的 IP，填写管理员信息，制定自动执行的自动任务，则控制台软件安装完成。

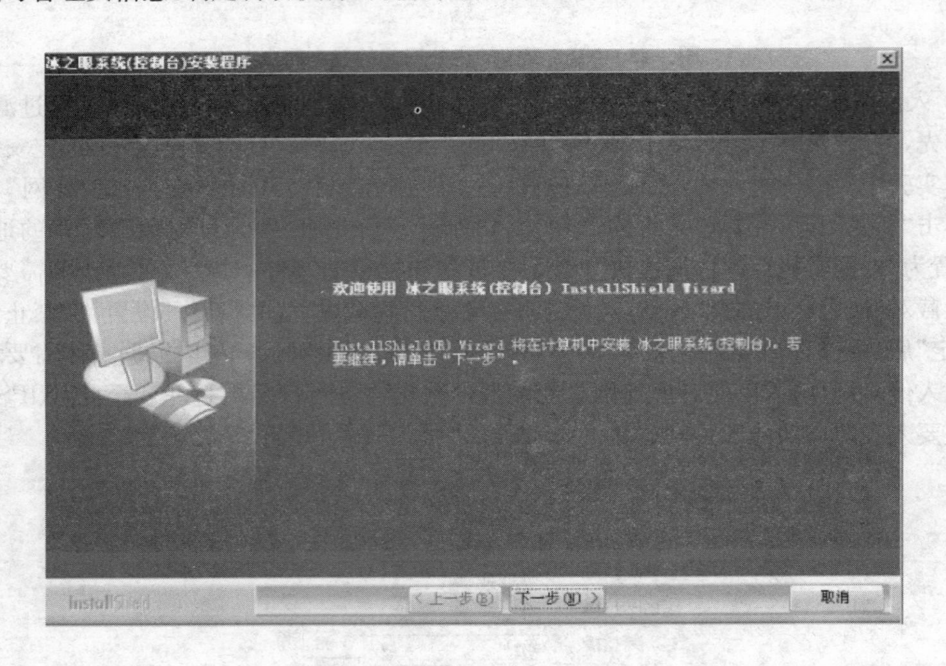

图 4-45 NIPS 控制台安装向导窗口

当 NIPS 控制台基本配置完成后，按照如图 4-39 所示网络拓扑结构，将 NIPS 控制台连接到网络连接设备中。在实验中，NIPS 控制台的 IP 地址要和 NIPS 探测器用于管理的 eth0 的 IP 地址在同一网段，以保证两者网络可连通。

在桌面单击“冰之眼控制台”快捷方式启动控制台，首先会出现 NIPS 控制台软件登录界面，如图 4-46 所示。输入用户名和密码后，可看到冰之眼的控制台配置管理界面如图4-47所示。

图 4-46　NIPS 控制台登录界面

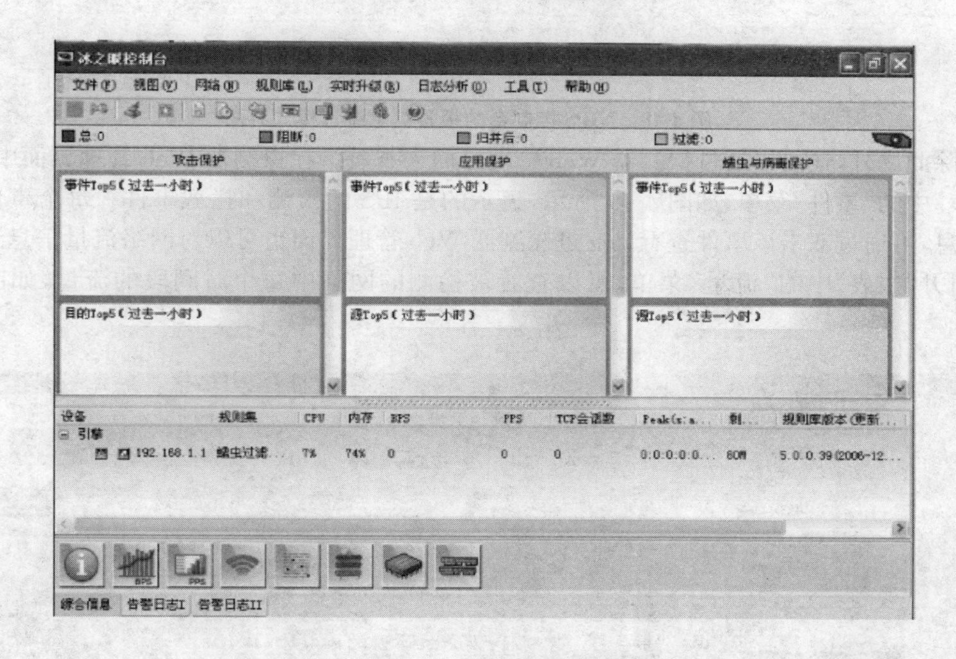

图 4-47　冰之眼的 NIPS 控制台配置管理界面

（3）连接 NIPS 的探测器和控制台

NIPS 探测器和控制台配置完成后，按照图 4-39 所示，使控制台通过网络连接到探测器。探测器和控制台之间的数据传输方式与 IDS 相同，也有两种方式，控制台主动连接探测器和探测器主动连接控制台。本实验中选择任何一种都可以，但实际网络中要根据是否配置防火墙，选择从防火墙内网到外网的传输方式。

（4）对异常数据包的检测、拦截和过滤

NIPS 配置完成后，对数据包的检测和拦截，可通过控制台和日志分析工具来查看，与

IDS相似，控制台的报警信息统计模式界面如图4-48所示。

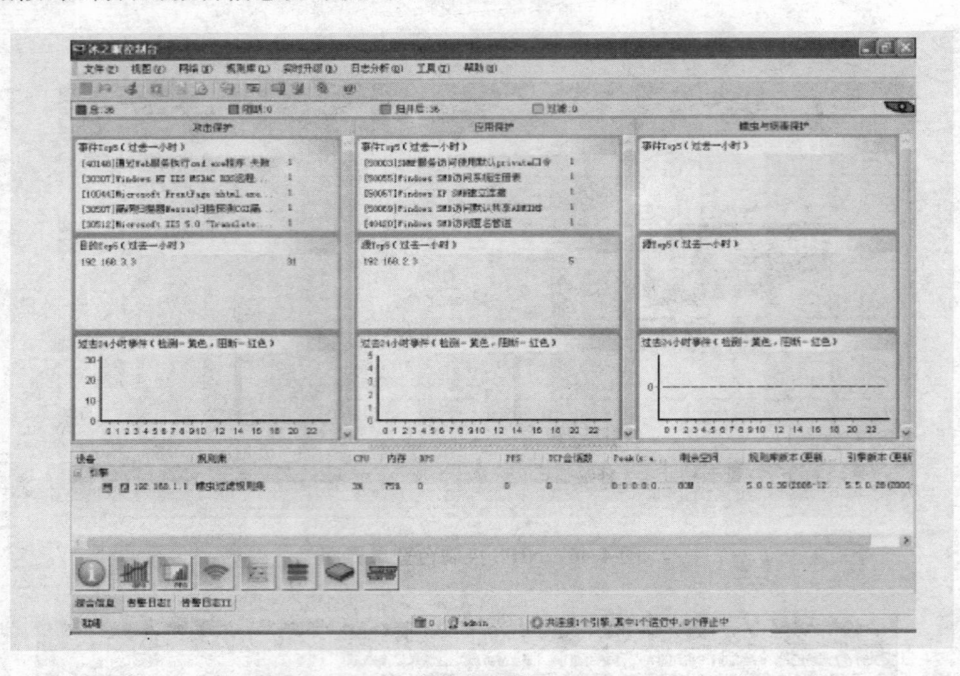

图4-48　NIPS控制台的报警信息统计模式界面

除此之外，还可以通过探测器Web管理界面来查看。在探测器Web管理界面中，打开“报表”中的“事件”菜单，如图4-49所示，显示的是IPS的检测和拦截事件。每个事件的详细信息，可通过双击该事件查看。通过探测器Web管理界面也可以对网络流量信息进行监控，打开“报表”中的“流量”菜单，可以查看被检测的网络中每个时间段的流量，如图4-50所示。

图4-49　NIPS探测器Web管理界面显示的检测和拦截事件

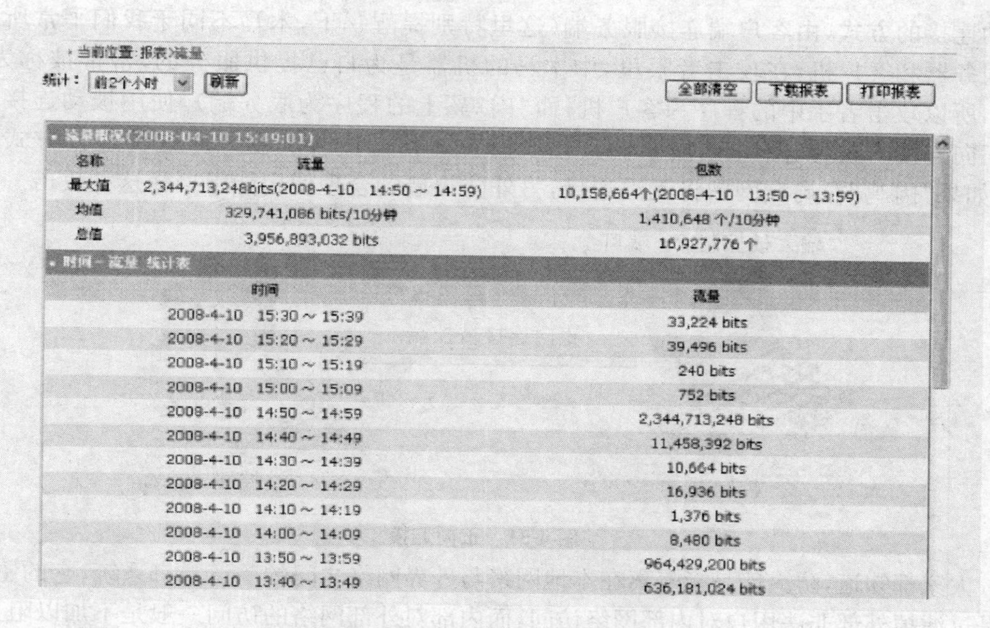

图 4-50　NIPS 探测器 Web 管理界面显示的流量信息

4.4　任务 11:手工查杀木马技术

4.4.1　特洛伊木马的简介

特洛伊木马是一种恶意程序,它们悄悄地在宿主机器上运行,就在用户毫无察觉的情况下,让攻击者获得了远程访问和控制系统的权限。一般而言,大多数特洛伊木马都模仿一些正规的远程控制软件的功能,如 Symantec 的 pcAnywhere,但特洛伊木马也有一些明显的特点,例如它的安装和操作都是在隐蔽之中完成的。攻击者经常把特洛伊木马隐藏在一些游戏或小软件之中,诱使粗心的用户在自己的机器上运行。最常见的情况是,上当的用户要么从不正规的网站下载和运行了带恶意代码的软件,要么不小心点击了带恶意代码的邮件附件。

4.4.2　特洛伊木马的类型

大多数特洛伊木马包括客户端和服务器端两个部分。攻击者利用一种称为绑定程序的工具将服务器部分绑定到某个合法软件上,诱使用户运行合法软件。只要用户一运行软件,特洛伊木马的服务器部分就在用户毫无知觉的情况下完成了安装过程。通常,特洛伊木马的服务器部分都是可以定制的,攻击者可以定制的项目一般包括:服务器运行的 IP 端口号,程序启动时机,如何发出调用,如何隐身,是否加密。另外,攻击者还可以设置登录服务器的密码、确定通信方式,这就增加了查杀的难度。几年前的特洛伊木马都是使用被动连接的方式，由客户端连接服务端（这里特别提醒一下，木马不同于我们平常所理解的服务器和客户机，在攻击者眼里，中木马的机器是为自己提供服务的，常常被称为“肉鸡”，所以攻击者手中的程序为客户机，而“肉鸡”上的程序为服务端），使用被动连接的称为正向连接木马，如图 4-51 所示。其代表有“冰河”，“广外女生”等，这种连接方式有缺点，如果“肉鸡”在局域网中将无法连接，另外防火墙的合理使用能阻挡住这种攻击。

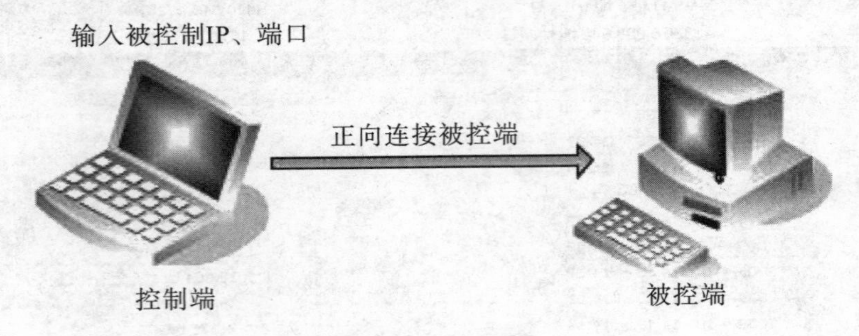

图 4-51 正向连接

大家都知道，防火墙是指隔离在本地网络与外界网络之间的一道防御系统，它的主要功能是过滤掉外部非法用户对内部网络访问，而内部对外部网络的访问一般是不加以阻止的。反弹型木马正是从内向外的连接，它可以有效地穿透防火墙，而且即使你使用的是内网 IP，它一样也能访问你的计算机。这种木马的原理是服务端主动连接客户端（黑客）地址，如图 4-52 所示。其代表有“上兴远控”，“灰鸽子”等。

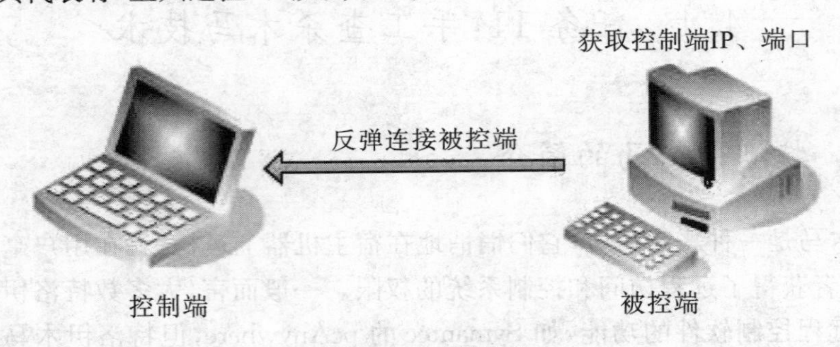

图 4-52 反弹连接

4.4.3 特洛伊木马的配置

本小节以上兴远控 2008 客户端为例，讲述特洛伊木马的配置，如图 4-53 所示。

① IP 通知 http 访问地址、DNS 域名解析或静态 IP：用于配置连接客户端（攻击者）的 IP 地址和连接的端口，使用 80 端口的服务端更具有迷惑性。

② 安装名称：用于设置木马生成的名称，常常使用和系统文件相近的文件名来迷惑“肉鸡”。

③ 安装路径：用于设置木马生成的路径，路径一般都是系统文件夹。

④ 连接密码：用于设置连接时需要的密码，防止自己的“肉鸡”被别人使用。

⑤ 上线分线：主要是为了区别“肉鸡”。

⑥ 更改图标：用于设定生成安装文件的图标，可以随意地更改任意图标。

⑦ 使用 IE 浏览器进程启动服务端（穿防火墙）：用于使用 IE 进程，不容易被防火墙阻挡。

⑧ 插 System32 目录的系统文件：可以将自身插入系统文件，实际上等于多一份保险。

⑨ 修改日期过主动：防止系统管理员根据文件生成和修改的日期判断文件异常。

⑩ 服务名称：用于将自身添加到服务，可以随系统一起启动。

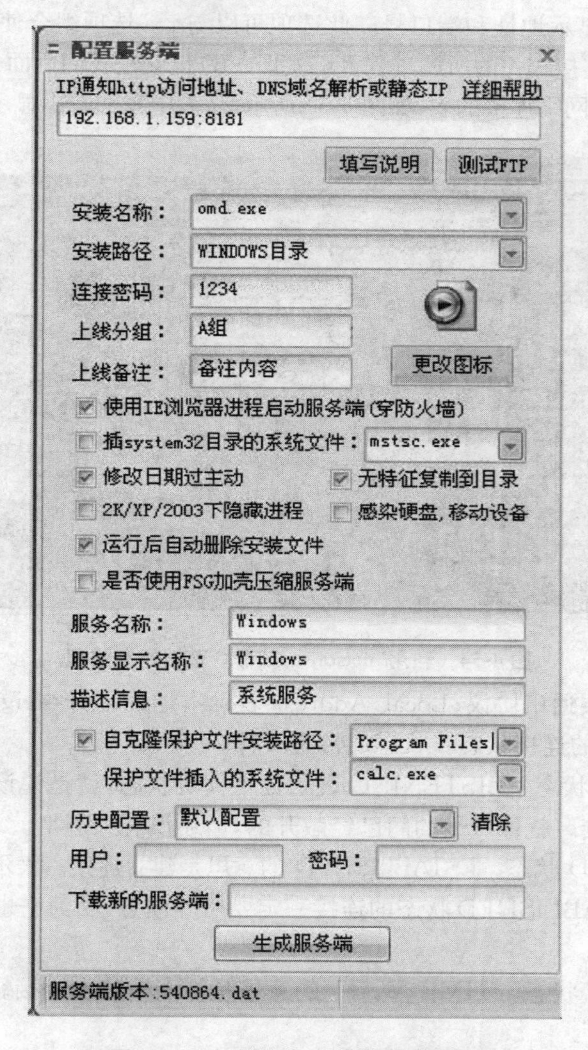

图 4-53　上兴远控 2008 客户端设置

完成上述各项设置后，单击生成服务端，就会生成一个安装文件。

4.4.4　特洛伊木马的查杀

下面主要介绍反弹型木马的查杀方法，为了方便演示，使用虚拟机作“肉鸡”。

双击安装文件，文件消失，木马服务端开始运行。反弹型木马的服务端软件就像我们的 IE 一样，使用动态分配端口去连接客户端(攻击者)的某一端口，通常使用常用端口，如 80 端口。

如果你的电脑上装有 360 等工具，可以通过流量防火墙中的网络连接查看。如果没有，可以使用“netstat-aon”命令来查看网络连接。

netstat 是一个监控 TCP/IP 网络的非常有用的工具，它可以显示路由表、实际的网络连接以及每一个网络接口设备的状态信息。netstat 用于显示与 IP、TCP、UDP 和 ICMP 协议相关的统计数据，一般用于检验本机各端口的网络连接情况，一般使用以下几项参数。

－a 显示所有连接和监听端口。

－n 以数字形式显示地址和端口号。此选项可以与－a 选项组合使用

－o 显示与每个连接相关的所属进程 ID，这里的 ID 也就是我们后面会提到的 PID，运行命令后，会显示一张当前网络连接的表，如图 4-54 所示，从表中我们看出显示了几项。

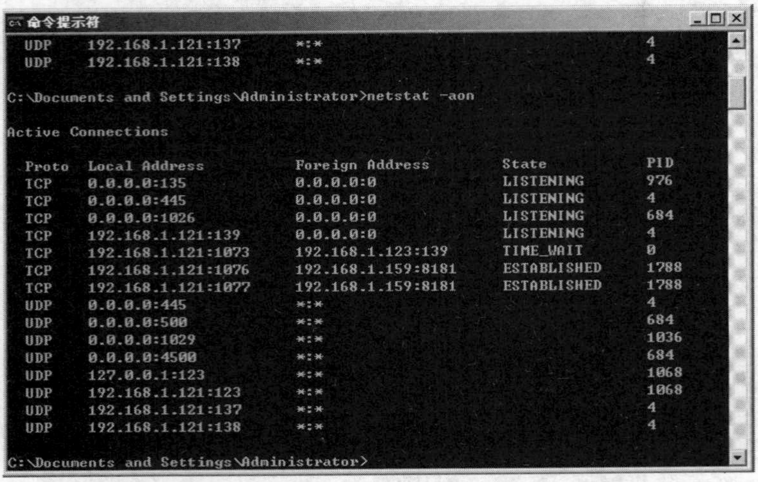

```
命令提示符
  UDP    192.168.1.121:137      *:*                                    4
  UDP    192.168.1.121:138      *:*                                    4

C:\Documents and Settings\Administrator>netstat -aon

Active Connections

  Proto  Local Address          Foreign Address        State           PID
  TCP    0.0.0.0:135            0.0.0.0:0              LISTENING       976
  TCP    0.0.0.0:445            0.0.0.0:0              LISTENING       4
  TCP    0.0.0.0:1026           0.0.0.0:0              LISTENING       684
  TCP    192.168.1.121:139      0.0.0.0:0              LISTENING       4
  TCP    192.168.1.121:1073     192.168.1.123:139      TIME_WAIT       0
  TCP    192.168.1.121:1076     192.168.1.159:8181     ESTABLISHED     1788
  TCP    192.168.1.121:1077     192.168.1.159:8181     ESTABLISHED     1788
  UDP    0.0.0.0:445            *:*                                    4
  UDP    0.0.0.0:500            *:*                                    684
  UDP    0.0.0.0:1029           *:*                                    1036
  UDP    0.0.0.0:4500           *:*                                    684
  UDP    127.0.0.1:123          *:*                                    1068
  UDP    192.168.1.121:123      *:*                                    1068
  UDP    192.168.1.121:137      *:*                                    4
  UDP    192.168.1.121:138      *:*                                    4

C:\Documents and Settings\Administrator>
```

图 4-54 利用“netstat-aon”命令查看网络进程

Proto 表示传输层通讯协议；Local Address 表示本地地址；Foreign Address 表示远程地址；State 表示当前的连接状态。状态通常有 4 种。

① LISTENING 状态。LISTENING 表示处于侦听状态，就是说该端口是开放的，等待连接，但还没有被连接。就像房子的门已经敞开的，但还没有人进来。

② ESTABLISHED 状态。ESTABLISHED 的意思是建立连接。表示两台机器正在通信。

注意：处于 ESTABLISHED 状态的连接一定要格外注意，因为它也许不是个正常连接，后面要讲到这个问题。

③ TIME_WAIT 状态。TIME_WAIT 的意思是结束了这次连接。说明 21 端口曾经有过访问，但访问结束了。

④ SYN_SENT 状态。SYN_SENT 状态表示请求连接，当你要访问其他计算机的服务时首先要发个同步信号给该端口，此时状态为 SYN_SENT，如果连接成功了就变为 ESTABLISHED，此时 SYN_SENT 状态非常短暂。但如果发现 SYN_SENT 非常多且在向不同的机器发出，那你的机器可能中病毒了。病毒为了感染别的计算机，就要扫描别的计算机，在扫描的过程中对每个要扫描的计算机都要发出同步请求，这也是出现许多 SYN_SENT 的原因。

从图 4-54 中我们可以看出，当前机器上有连接是 ESTABLISHED 状态，这台虚拟机是刚刚启动的，并没有运行任何的程序，这一点比较可疑。怎么判断是哪个进程产生的连接？这里我们就要提到 PID，也就是图 4-54 中最后一列。

PID 进程控制符，是各进程的身份标志，程序一运行系统就会自动分配给进程一个独一无二的 PID。进程中止后 PID 被系统回收，可能会被继续分配给新运行的程序。此处显示

PID 号是方便我们查找哪个进程产生的网络连接，以便找出木马程序。

打开我们的任务管理器，默认情况下 PID 是不显示的。我们可以通过"任务管理器"菜单中的"查看"→"选择列"，打开"选项列"窗口，如图 4-55 所示。

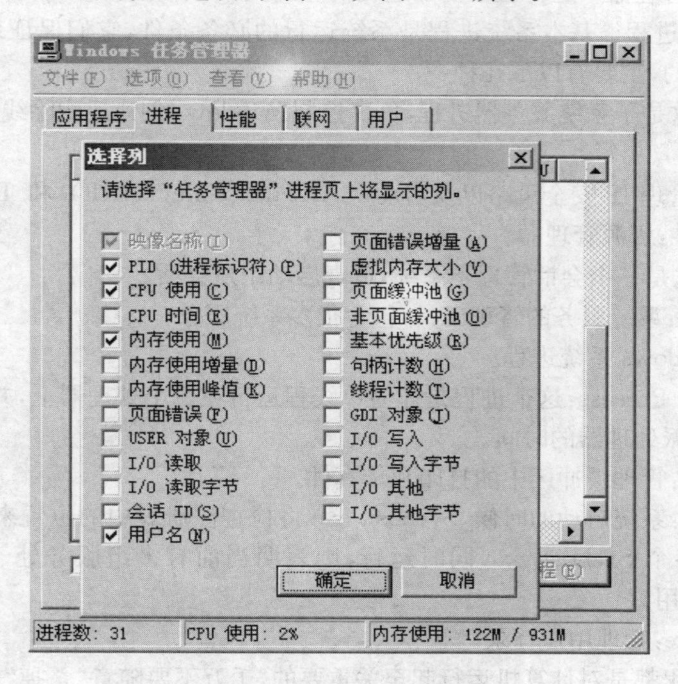

图 4-55　"选项列"窗口

在"选项列"窗口中勾选"PID(进程标志符)"选项，点击"确定"按钮，系统运行的各进程 PID 就显示出来，如图 4-56 所示。

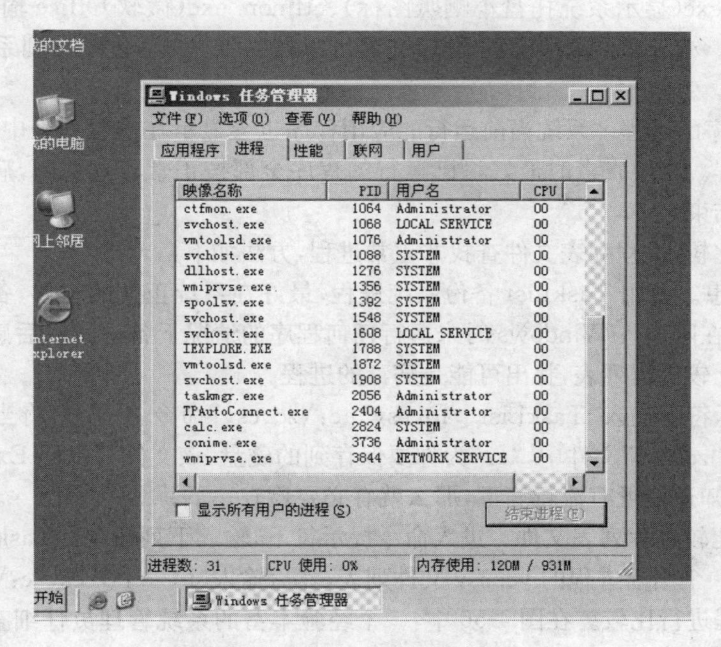

图 4-56　进程 PID

查看 netstat 表中的 PID 我们会发现它是“1788”这个进程产生的连接，在查找任务管理器中的进程 PID 我们不难发现是该进程 IEXPLORE. EXE。

我们的任务管理器中运行着很多的进程，一般有以下几类进程。

① 基本系统进程。基本系统进程是系统运行的必备条件，它们保证系统的正常运行，一般是不能关闭的，主要有以下几种：

Csrss. exe：这是子系统服务器进程，负责控制 Windows 创建或删除线程以及 16 位的虚拟 DOS 环境。

Lsass. exe：管理 IP 安全策略以及启动 ISAKMP/Oakley（IKE）和 IP 安全驱动程序。

Explorer. exe：资源管理器。

Smss. exe：这是一个会话管理子系统，负责启动用户会话。

Services. exe：系统服务的管理工具，包含很多系统服务。

system：Windows 系统进程。

System Idle Process：这个进程是作为单线程运行在每个处理器上，并在系统不处理其他进程的时候分派处理器的时间。

Spoolsv. exe：管理缓冲区中的打印和传真件。

Svchost. exe：系统启动的时候，Svchost. exe 将检查注册表中的位置来创建需要加载的服务列表，如果多个 Svchost. exe 同时运行，则表明当前有多组服务处于活动状态，多个 DLL 文件正在调用它。

winlogon. exe：管理用户登录。

以上这些进程都是对计算机运行起至关重要的，千万不要随意“杀掉”，否则可能直接影响系统的正常运行。

② 附加进程。除了基本系统进程，其他就是附加进程了，例如 wuauclt. exe（自动更新程序）、systray. exe（显示系统托盘小喇叭图标）、ctfmon. exe（微软 Office 输入法）、mstask. exe（计划任务）、winampa. exe 等等，附加进程可以按需取舍，不会影响到系统核心的正常运行。

③ 应用程序的进程。系统当前运行的应用程序也会显示在进程列表中，这些程序称之为应用程序进程。当要查毒时最好将已运行的程序全部按正常方式关闭，病毒一般不随应用程序关闭而结束。

我们可以比较，进程列表文件查找非正常进程，方法如下：

① 有备无患。使用 TaskList 备份系统进程，最好在系统正常的时候，备份一下电脑的进程列表（最好在刚进入 Windows 时未运行任何程序的情况下备份），以后感觉电脑异常的时候可以通过比较进程列表，找出可能是病毒的进程。

在命令提示符下输入“TaskList /fo csv>c：\zc. csv”命令，作用是将当前进程列表以 csv 格式输出到“zc. csv”文件中，“c：”为你要保存到的磁盘，该文件可以用 Excel 打开。感觉电脑异常，或者知道最近有流行病毒，那么就有必要检查一下。

② 用 FC 比较进程列表文件。进入命令提示符下，输入下列命令：“TaskList /fo csv> c：yc. csv”生成一个当前进程的 yc. csv 文件列表，然后输入“FC c：\zccsv c：\yc. csy”对两次备份的系统进程进行比较。在图 4-56 中，一个经验丰富的系统管理员仔细查看会发现 PID 为 2824 的进程很可疑，众所周知，“calc. exe”这个进程应该是计算器，而当前任务栏并未打开任何的程序。一个特洛伊木马程序会使用隐蔽性较强的文件名，像 iexplore. exe、 explorer. exe等。如果你不仔细看，你可能会以为是你的 IE 浏览器在上网。有时候可能连防火墙也会被骗过。

选中“Svchost. exe. EXE”使用结束进程发现短短的几秒钟后“Svchost. exe”这个进程又重新出现了，PID 也发生了改变，如图 4-57 所示。同理结束“calc. exe”这个进程，结果也是一样的。

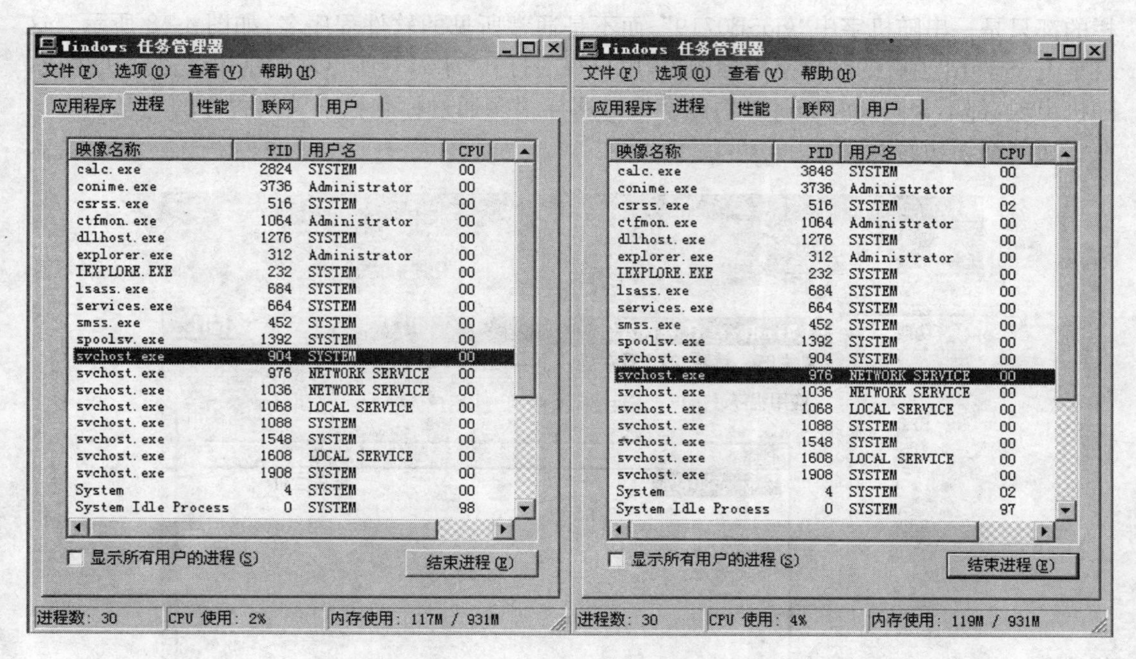

图 4-57　“svchost. exe”进程 PID 发生变化

通过上述方式找到木马进程后可以以下 2 种方式结束进程：

1. 根据进程名查杀

这种方法是通过 WinXP 系统下的 taskkill 命令来实现的，在使用该方法之前，首先需要打开系统的进程列表界面，找到病毒进程所对应的具体进程名。接着依次单击“开始”→“运行”命令，在弹出的系统运行框中，运行“cmd”命令；再在 DOS 命令行中输入“taskkill /im aaa”格式的字符串命令，单击回车键后，顽固的病毒进程“aaa”就被强行杀死了。例如要强行杀死“IEXPLORE. EXE”进程，只要在命令提示符下执行“taskkill /im IEXPLORE. EXE”命令，要不了多久，系统就会自动返回删除的结果。

2. 根据进程号查杀

上面的方法，只对部分病毒进程有效，遇到一些更“顽固”的病毒进程，可能就无济于事了。此时可以通过 Windows 2000 以上系统的内置命令——ntsd，来强行杀死一切病毒进程，因为该命令除 System 进程、SMSS. EXE 进程、CSRSS. EXE 进程不能“对付”外，基本可以对付其他一切进程。但是在使用该命令杀死病毒进程之前，需要先查找到对应病毒进程的具体进程号。运行“cmd”命令，在命令提示符状态下输入“ntsd-c q-p PID”命令，就可以强行将指定 PID 的病毒进程杀死了。例如“IEXPLORE. EXE”进程的 PID 为“1788”，那么可以执行“ntsd-c q-p 1788”命令，来杀死这个进程。

如果无论用上面哪种方法都无法彻底杀死可疑进程，这时只能借助第三方工具来判断问题所在，这里给大家介绍一款软件叫做 IceSword，也就是“冰刃”，它使用了大量新颖的内核技术，可以找出隐藏进程、端口、注册表、文件信息。

要注意的是这款软件能够杀死任意系统进程，请小心谨慎地操作，如基本系统进程中的Csrss. exe、Lsass. exe、Smss. exe、Services. exe、system 等几个进程杀死后电脑会立即蓝屏。Explorer. exe 被杀死会造成桌面消失。

我们打开“冰刃”软件后会发现这把“冰刃”可谓独特，它显示在系统任务栏或软件标题栏的都只是一串随机字串“yiq5B0719”，而不是通常所见的软件程序名，如图 4-58 所示。这就是 IceSword 独有的随机字串标题栏，用户每次打开“冰刃”，所出现的字串都是随机生成，随机出现，都不相同(随机五位/六位字串)，这样很多通过标题栏来关闭程序的木马和后门在它面前都无功而返了。

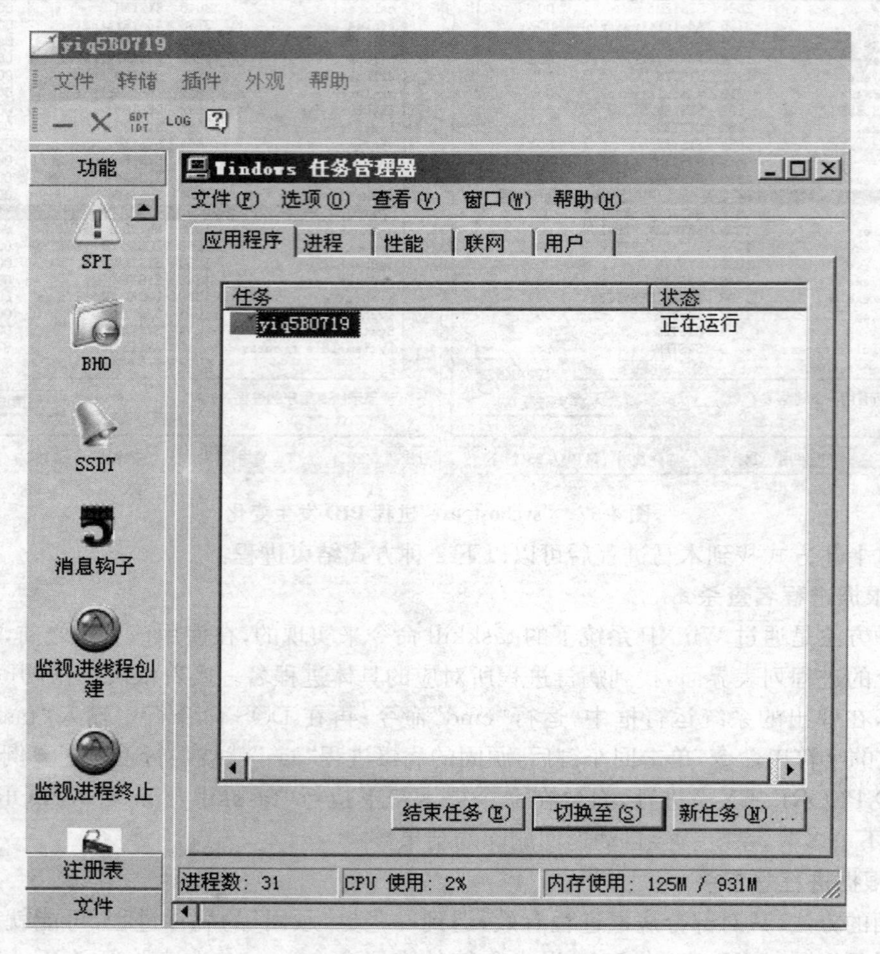

图 4-58 “冰刃”任务名

用上述方式都无法彻底结束的“IEXPLORE. EXE”和“calc. exe”，这里我们可以使用“冰刃”的功能菜单下一个监视进线程的创建组件看一下进程的创建关系。

使用任务管理器先后结束“IEXPLORE. EXE”和“calc. exe”，然后刷新“冰刃”。我们得到一个进程的创建关系，如图 4-59 所示。

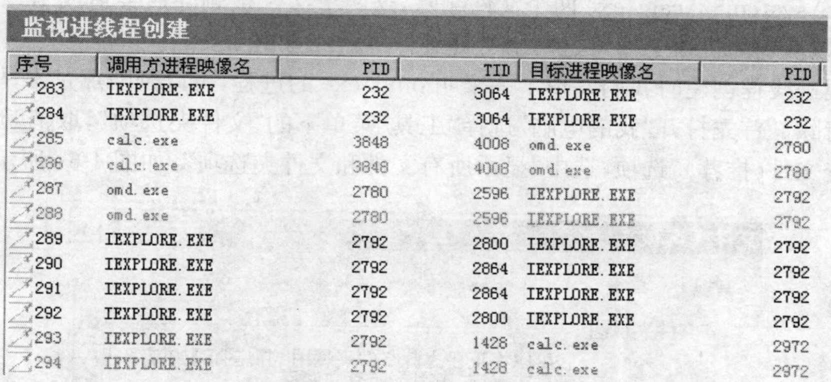

监视进线程创建

序号	调用方进程映像名	PID	TID	目标进程映像名	PID
283	IEXPLORE. EXE	232	3064	IEXPLORE. EXE	232
284	IEXPLORE. EXE	232	3064	IEXPLORE. EXE	232
285	calc. exe	3848	4008	omd. exe	2780
286	calc. exe	3848	4008	omd. exe	2780
287	omd. exe	2780	2596	IEXPLORE. EXE	2792
288	omd. exe	2780	2596	IEXPLORE. EXE	2792
289	IEXPLORE. EXE	2792	2800	IEXPLORE. EXE	2792
290	IEXPLORE. EXE	2792	2864	IEXPLORE. EXE	2792
291	IEXPLORE. EXE	2792	2864	IEXPLORE. EXE	2792
292	IEXPLORE. EXE	2792	2800	IEXPLORE. EXE	2792
293	IEXPLORE. EXE	2792	1428	calc. exe	2972
294	IEXPLORE. EXE	2792	1428	calc. exe	2972

图 4-59　进程创建关系图

从图中我们可以轻松得出，当结束掉“IEXPLORE. EXE”这个进程时，“calc. exe”会创建一个进程“omd. exe”，由这个进程重新创建了“IEXPLORE. EXE”。而结束“calc. exe”时，由进程“IEXPLORE. EXE”重新创建“calc. exe”。看到这里我们就能明白，这个木马采用了自我克隆双进程分别插入了“IEXPLORE. EXE”和“calc. exe”这两个系统文件，而且进行相互的守护。知道了原理我们就可以进行查杀。

要断绝它们之间相互守护的关系，首先点击“冰刃”的“文件”菜单下的“设置”，打开“设置”窗口，勾选“禁止进线程创建”选项，如图 4-60 所示，确定后将阻止一切进线程的创建。接下来再使用冰刃杀掉“IEXPLORE. EXE”和“calc. exe”进程。此时我们发现“IEXPLORE. EXE”和“calc. exe”进程不再出现，它们已经被彻底的杀掉了。

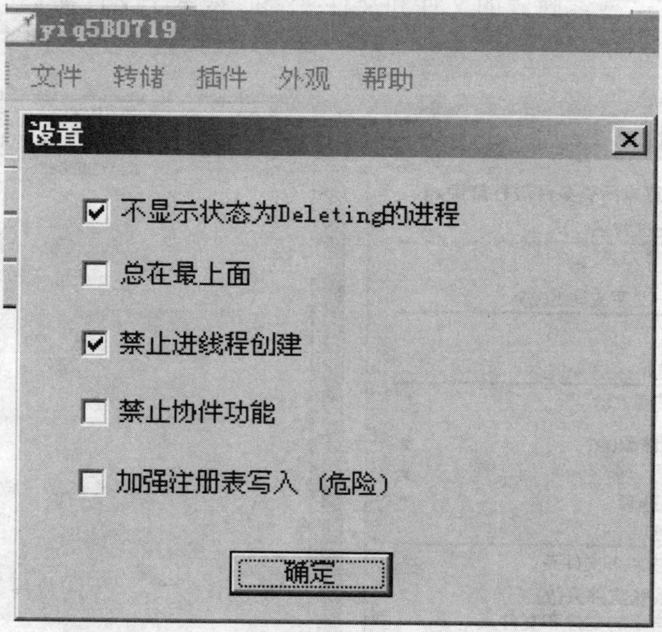

yiq5B0719
文件　转储　插件　外观　帮助
设置
☑ 不显示状态为Deleting的进程
☐ 总在最上面
☑ 禁止进线程创建
☐ 禁止协件功能
☐ 加强注册表写入（危险）
确定

图 4-60　“设置”窗口

虽然进程被结束了，但是电脑里木马并没有被清理干净。我们来做最后的收尾工作。进入系统文件夹，将 C:\Program　Files\Internet　Explorer\IEXPLORE. EXE、C:\

WINDOWS\system32\calc.exe两个文件删除，这两个文件被删除后会造成IE和计算器不能使用，可以从别的机器上拷贝这两个文件进行覆盖或者重新安装。

在监视进线程创建时我们发现了一个叫omd.exe的进程，可以判断那是木马的主程序，必须将其清除。首先打开“我的电脑”选择“工具”菜单下的“文件夹选项”，取消“隐藏受保护的操作系统文件(推荐)”选项，选中“显示所有文件和文件夹选项”，如图4-61所示。

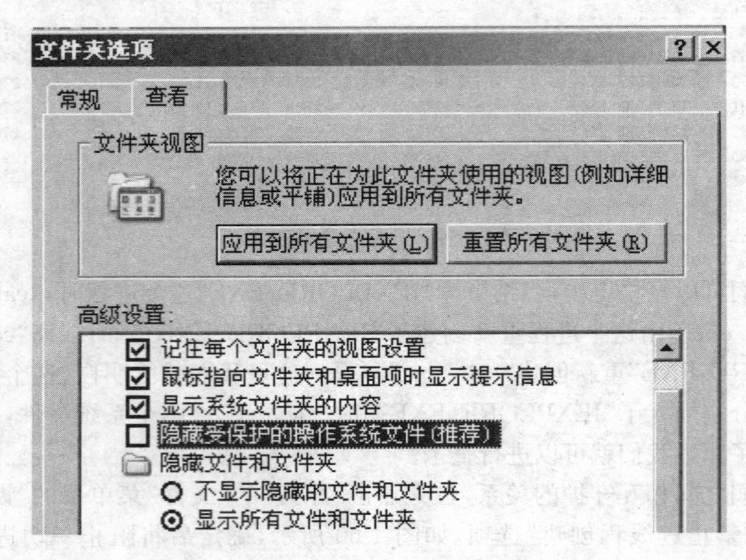

图4-61 “文件夹选项”窗口

接下来在“我的电脑”中进行搜索“omd.exe”这个文件，这里要勾选“其他高级选项”中的“搜索系统文件夹”、“搜索隐藏的文件和文件夹”和“搜索子文件夹”3个选项，如图4-62所示。

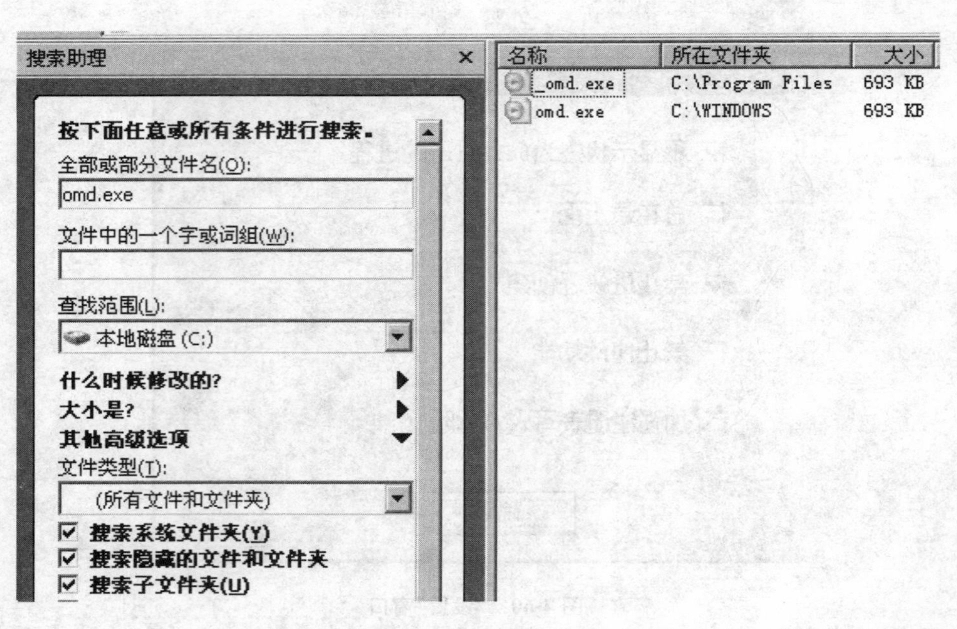

图4-62 “搜索”窗口

最终我们搜索到 2 个木马文件，将其删除。别忘了还要做最后的检查，检查服务时发现这个木马在服务中添加了一项，如图 4-63 所示。

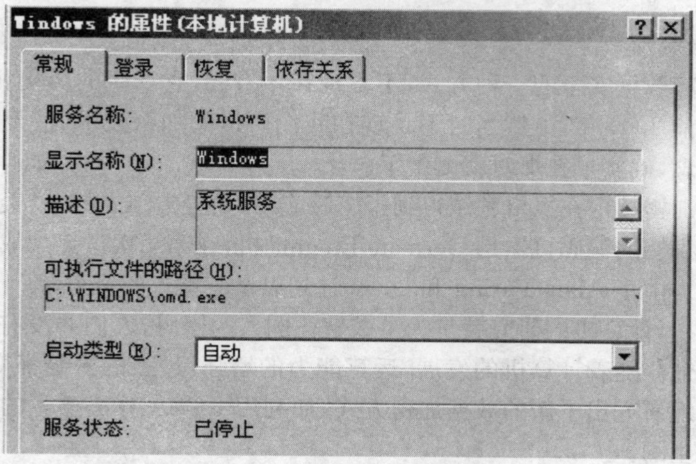

Windows 的属性(本地计算机)
常规　登录　恢复　依存关系
服务名称:　Windows
显示名称(N):　Windows
描述(D):　系统服务
可执行文件的路径(H):
C:\WINDOWS\omd.exe
启动类型(E):　自动
服务状态:　已停止

图 4-63　查看服务属性

运行“regedit”打开注册表，找到服务中 Windows 键值，将其全部删除干净，如图 4-64 所示。

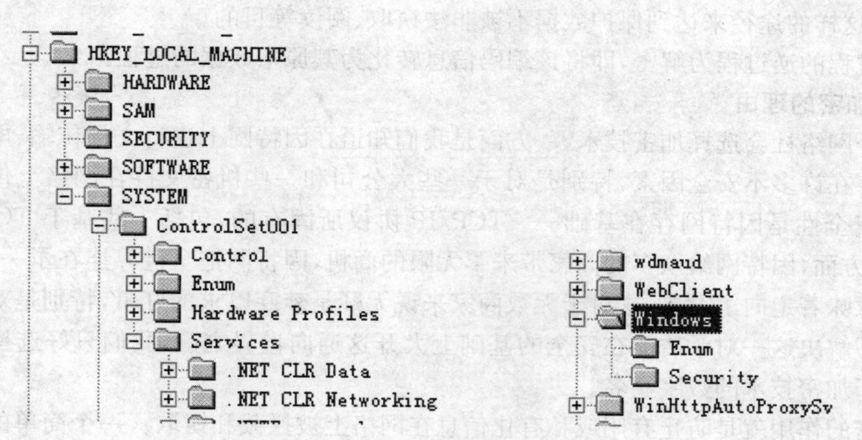

图 4-64　删除注册表信息

最后在搜索整个注册表查找 omd.exe，找到所有相关键值并全部删除。至此整个木马的查杀就完成了。

4.5　任务 12：加密解密技术

电脑加密技术就是为了适应网络安全的需要而应运产生的，它为我们进行一般的电子商务活动提供了安全保障，如在网络中进行文件传输、电子邮件往来和进行合同文本的签署等。其实加密技术也不是什么新生事物，只不过应用在电子商务、电脑网络中还是近几年的事。下面我们就简要介绍一下加密技术方面的知识。

4.5.1 加密解密基础

1. 加密的由来

加密作为保障数据安全的一种方式,不是现在才有的,它产生的历史相当久远,其起源可以追溯到公元前 2000 年,虽然当时不是现在我们所讲的加密技术(甚至不叫加密),但作为一种加密的概念,确实早在那时就诞生了。

近几个世纪加密技术在军事领域得到了广泛应用,如美国独立战争、美国内战和两次世界大战。最广为人知的编码机器是 German Enigma 机,在第二次世界大战中德国人利用它创建了加密信息。由于 Alan Turing 和 Ultra 计划以及其他人的努力,终于对德国人的密码进行了破解。当初,计算机的研究就是为了破解德国人的密码,人们并没有想到计算机给今天带来的信息革命。随着计算机的发展,运算能力的增强,过去的密码都变得十分简单了,于是人们又不断地研究出了新的数据加密方式,如利用 ROSA 算法产生的私钥和公钥就是在这个基础上产生的。

2. 加密、解密的概念

数据加密的基本过程就是对原来为明文的文件或数据按某种算法进行处理,使其成为不可读的一段代码,通常称为"密文",使其只能在输入相应的密钥之后才能显示出原来内容,通过这样的途径来达到保护数据不被非法窃取、阅读等目的。

该过程的逆过程为解密,即将该编码信息转化为其原来数据的过程。

3. 加密的理由

当今网络社会选择加密技术,一方面是我们知道在因特网上进行文件传输、电子邮件商务往来存在许多不安全因素,特别是对于一些大公司和一些机密文件在网络上传输。而且这种不安全性是因特网存在基础——TCP/IP 协议所固有的,包括一些基于 TCP/IP 的服务;另一方面,因特网给众多的商家带来了无限的商机,因特网把全世界连在了一起,走向因特网就意味着走向了世界,这对于无数商家来说无疑是梦寐以求的好事,特别是对于中小企业。为了解决这一对矛盾能在安全的基础上大开这通向世界之门,我们只好选择了数据加密和基于加密技术的数字签名。

加密的作用就是防止有用或私有化信息在网络上被拦截和窃取。一个简单的例子就是密码的传输,计算机密码极为重要,许多安全防护体系都是基于密码的,密码的泄露在某种意义上来讲意味着其安全体系的全面崩溃。

通过网络进行登录时,所键入的密码以明文的形式被传输到服务器,而网络上的窃听是一件极为容易的事情,所以很有可能被黑客窃取得用户的密码,如果用户是 root 用户或 Administrator用户,那后果将是极为严重的。

解决上述难题的方案就是加密,加密后的口令即使被黑客获得也是不可读的,加密后的邮件没有收件人的私钥也就无法解开,邮件成为一大堆无任何实际意义的乱码。

数字签名也是基于加密技术的,它的作用就是用来确定用户是否是真实的。应用最多的还是电子邮件,如当用户收到一封电子邮件时,邮件上面标有发信人的姓名和信箱地址,很多人可能会简单地认为发信人就是信上说明的那个人,但实际上伪造一封电子邮件并非难事。在这种情况下,就要用到加密技术的数字签名,用它来确认发信人身份的真实性。

类似数字签名技术的还有一种身份认证技术,有些站点提供入站 FTP 和 WWW 服务,当然用户通常接触的这类服务是匿名服务,用户的权力要受到限制,但也有的这类服务不是匿名的,如某公司为了信息交流提供用户的是非匿名的 FTP 服务,或开发小组把他们的 Web 网页上载到用户的 WWW 服务器上,现在的问题就是,用户如何确定正在访问的服务器的人就是用户认为的那个人,身份认证技术就是一个很好的解决方案。

在这里需要强调一点的就是,文件加密其实不只用于电子邮件或网络上的文件传输,其实也可应用静态的文件保护,如 PIP 软件就可以对磁盘、硬盘中的文件或文件夹进行加密,以防他人窃取其中的信息。

4.5.2 加密解密原理

1. 两种加密方法

加密技术通常分为两大类:对称式和非对称式。

对称式加密就是加密和解密使用同一个密钥,通常称之为"Session Key",这种加密技术目前被广泛采用,如美国政府所采用的 DES 加密标准就是一种典型的"对称式"加密法,它的 Session Key 长度为 56 Bits。

非对称式加密就是加密和解密所使用的不是同一个密钥,通常有两个密钥,称为"公钥"和"私钥",它们两个必需配对使用,否则不能打开加密文件。这里的"公钥"是指可以对外公布的,"私钥"则不能,只能由持有人一个人知道。它的优越性就在这里,因为对称式的加密方法如果是在网络上传输加密文件就很难把密钥告诉对方,不管用什么方法都有可能被别人窃听到。而非对称式的加密方法有两个密钥,且其中的"公钥"是可以公开的,也就不怕别人知道,收件人解密时只要用自己的"私钥"即可以,这样就很好地解决了密钥的传输安全性问题。

2. 加密技术中的摘要函数(MAD、MAD 和 MAD)

摘要是一种防止改动的方法,其中用到的函数叫摘要函数。这些函数的输入可以是任意大小的消息,而输出是一个固定长度的摘要。摘要有这样一个性质,如果改变了输入消息中的任何东西,即使只有一位,输出的摘要也将会发生不可预测的改变,也就是说输入消息的每一位对输出摘要都有影响。总之,摘要算法从给定的文本块中产生一个数字签名(fingerprint 或 message digest),数字签名可以用于防止有人从一个签名上获取文本信息或改变文本信息内容和进行身份认证。

3. 密钥的管理

密钥既然要求保密,这就涉及密钥的管理问题,管理不好,密钥同样可能被无意识地泄露,并不是有了密钥就高枕无忧了,任何加密也只是相对的,是有时效的。要管理好密钥我们要注意以下几个方面:

(1) 密钥的使用要注意时效和次数

如果用户可以一次又一次地使用同样密钥与别人交换信息,那么密钥也同其他任何密码一样存在着一定的安全性,虽然说用户的私钥是不对外公开的,但是也很难保证私钥长期的保密性,很难保证长期以来不被泄露。如果某人偶然地知道了用户的密钥,那么用户曾经和另一个人交换的每一条消息都不再是保密的了。另外使用一个特定密钥加密的信息越多,提供给窃听者的材料也就越多,从某种意义上来讲也就越不安全了。

因此，一般强调仅将一个对话密钥用于一条信息中或一次对话中，或者建立一种按时更换密钥的机制以减小密钥暴露的可能性。

(2) 多密钥的管理

假设在某机构中有100个人，如果他们任意2人之间可以进行秘密对话，那么总共需要多少密钥呢？每个人需要知道多少密钥呢？也许很容易得出答案，如果任何2个人之间要不同的密钥，则总共需要4950个密钥，而且每个人应记住99个密钥。如果机构的人数是1000、10000或更多，这种办法就显然过于愚蠢了，管理密钥将是一件可怕的事情。

Kerberos提供了一种解决这个问题的较好方案，它是由MIT发明的，使密钥的管理和分发变得十分容易，但这种方法本身还存在一定的缺点。为能在因特网上提供一个实用的解决方案，Kerberos建立了一个安全的、可信任的密钥分发中心（Key Distribution Center，KDC），每个用户只要知道一个和KDC进行会话的密钥就可以了，而不需要知道成百上千个不同的密钥。

假设用户甲想要和用户乙进行秘密通信，则用户甲先和KDC通信，使用只有用户甲和KDC知道的密钥进行加密，用户甲告诉KDC他想和用户乙进行通信，KDC会为用户甲和用户乙之间的会话随机选择一个对话密钥，并生成一个标签，这个标签由KDC和用户乙之间的密钥进行加密，并在用户甲启动和用户乙对话时，用户甲会把这个标签交给用户乙。这个标签的作用是让用户甲确定和他交谈的是用户乙，而不是冒充者。因为这个标签是由只有用户乙和KDC知道的密钥进行加密的，所以即使冒充者得到用户甲发出的标签也不可能进行解密，只有用户乙收到后才能够进行解密，从而确定了与用户甲对话的人就是用户乙。同时由于密钥是由系统自动产生的，则用户不必记那么多密钥，从而方便了人们的通信。

4. 数据加密的标准

最早、最著名的保密密钥或对称密钥加密算法DES（Data Encryption Standard）是由IBM公司在20世纪70年代发展起来的，并经政府的加密标准筛选后，于1976年11月被美国政府采用，DES随后被美国国家标准局和美国国家标准协会（American National Standard Institute，ANSI）承认。

DES使用56位密钥对64位的数据块进行加密，并对64位的数据块进行16轮编码。每轮编码时，一个48位的“每轮”密钥值由56位的完整密钥得出。DES用软件进行解码需用很长时间，而用硬件解码速度非常快。幸运的是，当时大多数黑客并没有足够的资金制造出这种硬件设备。1977年，估计要耗资2000万美元才能建成一台专门计算机用于DES的解密，而且需要12个小时的破解才能得到结果。当时DES被认为是一种十分强大的加密方法。

随着计算机硬件的速度越来越快，制造一台这样特殊的机器的花费已经降到了10万美元左右，而用它来保护数十亿美元的银行，那显然是不够保险的。不过，如果只用它来保护一台普通服务器，那么DES确实是一种好的办法，因为黑客绝不会仅仅为入侵一个服务器而花那么多的钱破解DES密文。

另一种非常著名的加密算法就是RSA了，RSA（Rivest-Shamir-Adleman）算法是基于大多数不可能被质因数分解假设的公钥体系。简单地说就是找2个很大的质数。一个对外公开的为“公钥”（Prblic key），另一个不告诉任何人，称为“私钥”（Private key）。这2个密钥是互补的，也就是说用公钥加密的密文可以用私钥解密，反过来也一样。

假设用户甲要寄信给用户乙,他们互相知道对方的公钥。甲就用乙的公钥加密邮件寄出,乙收到后就可以用自己的私钥解密出甲的原文。由于别人不知道乙的私钥,所以即使是甲本人也无法解密那封信,这就解决了信件保密的问题。另一方面,由于每个人都知道乙的公钥,他们都可以给乙发信,那么乙怎么确信是不是甲的来信呢?那就要用到基于加密技术的数字签名了。

甲用自己的私钥将签名内容加密,附加在邮件后,再用乙的公钥将整个邮件加密(注意这里的次序,如果先加密再签名的话,别人可以将签名去掉后签上自己的签名,从而篡改签名)。这样这份密文被乙收到以后,乙用自己的私钥将邮件解密,得到甲的原文和数字签名,然后用甲的公钥解密签名,这样一来就可以确保两方面的安全了。

4.5.3　加密技术的应用

加密技术的应用是多方面的,但最为广泛的还是在电子商务、VPN和数据库上的应用,下面就分别简叙。

1. 在电子商务方面的应用

电子商务(E-business)要求顾客可以在网上进行各种商务活动,不必担心自己的信用卡会被人盗用。现在人们开始用RSA(一种公开/私有密钥)的加密技术,提高信用卡交易的安全性,从而使电子商务走向实用成为可能。

很多人知道Socket,它是一个编程界面,并不提供任何安全措施,而SSL(Secure Sockets Layer,安全套接层)不但提供编程界面,而且向上提供一种安全的服务,SSL3.0现在已经应用到了服务器和浏览器上,SSL2.0则只能应用于服务器端。

SSL3.0用一种电子证书(electric certificate)通过身份验证后,双方就可以用保密密钥进行安全的会话了。它同时使用"对称"和"非对称"2种加密方法,在客户与电子商务的服务器进行沟通的过程中,客户会产生一个Session Key,然后客户用服务器端的公钥将Session Key进行加密,再传给服务器端,在双方都知道Session Key后,传输的数据都是以Session Key进行加密与解密的,但服务器端发给用户的公钥必须先向有关发证机关申请,以得到公证。

基于SSL3.0提供的安全保障,用户就可以自由订购商品并且给出信用卡号了,也可以在网上和合作伙伴交流商业信息,并且让供应商把订单和收货单从网上发过来。

2. 加密技术在VPN中的应用

现在,越来越多的公司走向国际化,一个公司可能在多个国家都有办事机构或销售中心,每一个机构都有自己的LAN(Local Area Network,局域网),但在当今的网络社会人们的要求不仅如此,用户希望将这些LAN连接在一起组成一个公司的广域网,这已不是什么难事了。

事实上,很多公司都已经这样做了,但他们一般使用租用专用线路来连接这些局域网,但首先要考虑的就是网络的安全问题。现在具有加密/解密功能的路由器已到处都是,这就使人们通过因特网连接这些局域网成为可能,这就是我们通常所说的VPN(Virtual Private Network,虚拟专用网)。当数据离开发送者所在的局域网时,该数据首先被用户端连接到因特网上的路由器进行硬件加密,数据在因特网上是以加密的形式传送的,当到达目的LAN的路由器时,该路由器就会对数据进行解密,这样目的LAN中的用户就可以看到真正的信息了。

3. 加密技术在数据库中的应用

由于数据在因特网应用中的核心作用,一旦数据库信息泄露会导致极为严重的后果,因此对数据库进行加密可为其提供一层保护。数据库的加密一般可以有3种方式:

(1) 库外加密

考虑到文件型数据库系统是基于文件系统的,因而库外加密的方法,应该是针对文件I/O操作或操作系统而言的,因为数据库管理系统与操作系统的接口方式有3种:一是直接利用文件系统的功能;二是利用操作系统的I/O模块;三是直接调用存储管理。所以在采用库外加密的方法时,可以将数据先在内存中使用DES、RSA等方法进行加密,然后文件系统把每次加密后的内存数据写入数据库文件中去(注意这里是把整个数据库当做普通的文件看待,而不是按数据关系写入),读入时再逆方向进行解密就可以正常使用了。这种加密方法相对简单,只要妥善管理密钥就可以了。缺点是对数据库的读写比较麻烦,每次都要进行加解密的工作,对程序的编写和数据库的读写速度也会有影响。

(2) 库内加密

如果从关系型数据库的角度出发,很容易形成库内加密的思想。关系型数据库的关键术语有:表、字段、行和数据元素。基本上可以针对这几方面形成一种加密的方法。

① 以表为单位加密:对于文件型数据库来说,一个文件只有一张表,因而对表的加密可以说是对文件的加密了。通过更改文件分配表(FAT)中的说明等手段可以实现对文件的简单加密,但这种加密方式涉及文件系统底层,误操作容易造成FAT混乱,而且与文件系统格式有关,因而通常不宜采用。

② 以记录或字段(即二维表的行或列)为单位加密:通常情况下,我们访问数据库时都是以二维表方式进行的,二维表的每一行就是数据库的一条记录,二维表的每一列就是数据库的一个字段。如果以记录为单位进行加密,那么每读写一条记录只需进行一次加解密的操作,对于不需要访问到的记录,完全不需要进行任何操作,所以使用起来效率会高一些。但是由于每一个记录都必须有一个密钥与之匹配,因此产生和管理记录密钥比较复杂。以字段为单位的加密情况与以记录为单位的加密情况相似。

③ 以数据元素为单位加密:由于数据元素是数据库库内加密的最小单位,因而这种加密方式是最彻底的但也是效率最低的。每个被加密的元素会有一个相应的密钥,所以密钥的产生和管理比记录加密方式还要复杂。

(3) 硬件加密

硬件加密主要是相对于软件加密而言的,是指在物理存储器与数据库系统之间加上一层硬件作为中间层,加密和解密的工作都由中间的硬件完成。不过由于添加的硬件与原计算机硬件之间可能存在着兼容问题,还有在进行控制读写的时候存在着烦琐的设置,所以这种加密方式应用起来也不会太广泛。

4.5.4 加密解密实训

1. 实验目的

通过对文本进行加密解密的实验,深入理解加密解密的原理和工作方式。

2. 实验环境

本实验以自己编写的一个 Windows 应用程序为例，实现对文本信息的加密（使用 DES 加密）。运行环境需要安装 Microsoft. NET Framework4. 0。

3. 实验内容与步骤

① 安装 Microsoft. NET Framework4. 0。

② 运行 EncDec. exe，输入要加密的文本，单击"加密保存"，如图 4-65 所示。

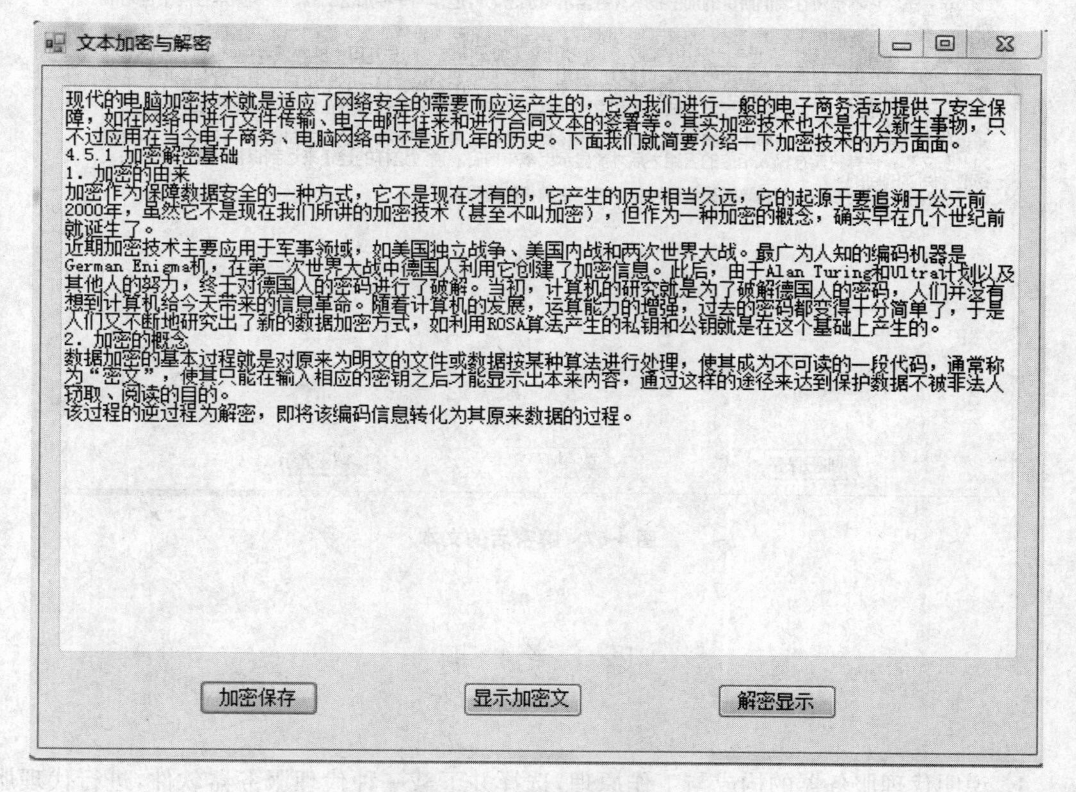

图 4-65　待加密的文本

③ 打开显示加密后的文本（也可以用记事本等工具打开查看加密后的文本），文本变得完全不可读，如图 4-66 所示。

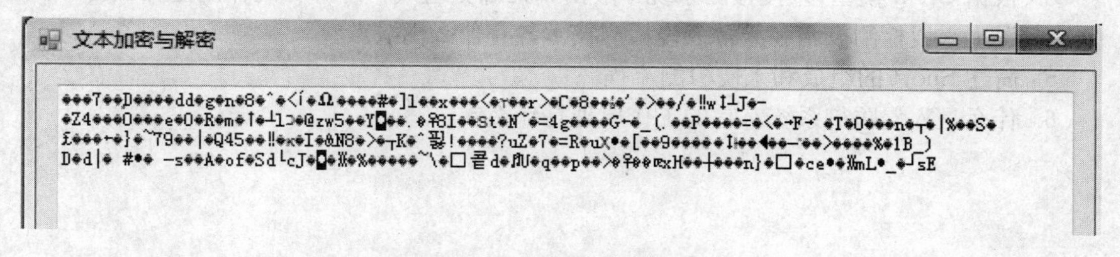

图 4-66　加密后的文本

④ 解密后正确显示加密数据的原文,如图 4-67 所示。

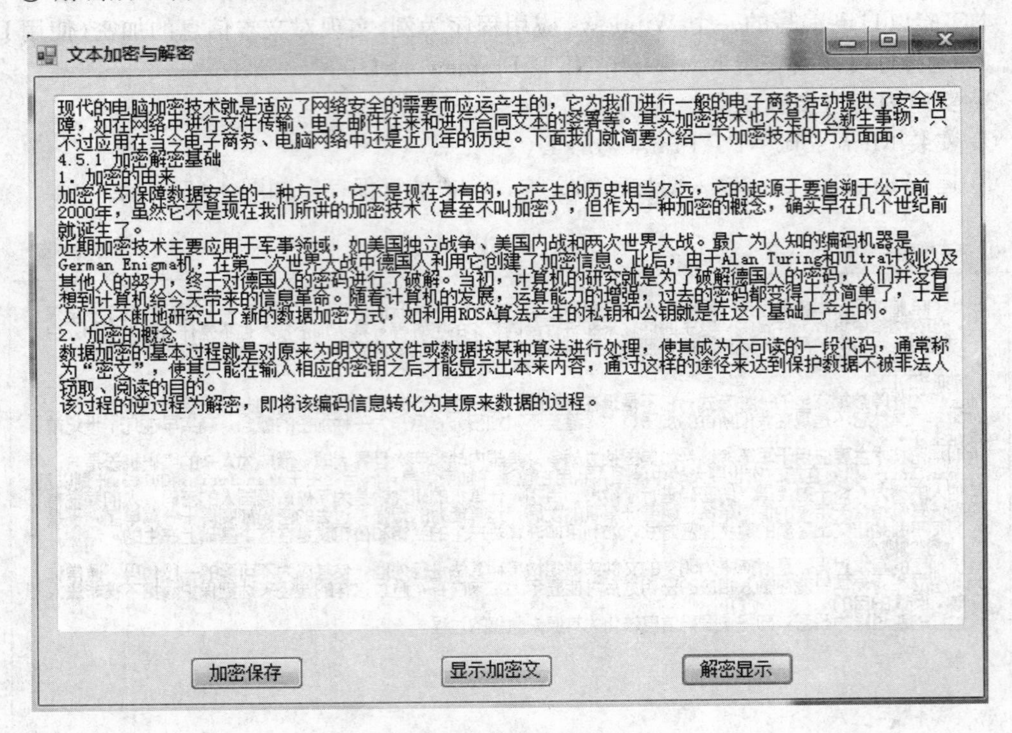

图 4-67 解密后的文本

思 考 题

1. 说明代理服务器的构成与工作原理,选择并下载一种代理服务器软件,进行代理服务器软件的安装、配置和测试。

2. 什么是入侵检测系统？为什么说入侵检测系统是防火墙的重要补充？

3. 根据 CIDF 模型,入侵检测系统一般由哪几部分组成？各部分的作用是什么？

4. 误用入侵检测技术和异常入侵检测技术各有什么优缺点？

5. 简述 Snort 的组成和入侵检测流程。

6. 什么是入侵防御系统？它的工作原理是什么？

第5章 信息系统风险评估

学习目标

通过对本章的学习，学生能够了解风险评估与管理的基本概念与方法。

通过本章的学习，应该掌握以下内容：

1. 了解系统风险管理和风险评估的基本概念。
2. 掌握系统风险评估的方法。
3. 了解信息安全策略制定应遵循的原则。
4. 了解谷安IT风险管理系统。

5.1 信息系统风险评估概述

5.1.1 风险

风险(Risk)指在某一特定环境下，在某一特定时间段内，特定的威胁利用资产的一种或一组薄弱点，导致资产的丢失或损害的潜在可能性，即特定威胁事件发生的可能性与后果的结合。ISO 27001要求组织通过风险评估来识别组织的潜在风险及其大小，并按照风险的大小安排控制措施的优先等级。

5.1.2 风险管理

有效的风险管理过程是一个成功的IT安全规划中的重要组成部分。一个组织在风险管理过程中，最关键的目标应该是保护组织以及组织完成其任务的能力，而不仅仅是针对其IT资产的。因此，风险管理过程不应当被看做是一个主要由操作和管理IT系统的专业人员实现的技术行为，而应该是组织的一项实质的管理行为。

风险是对系统弱点进行利用后产生的负面的影响，包括这种影响的可能性和已经发生的影响。风险管理是识别风险、评估风险以及采取步骤降低风险到可接受范围内的过程。

进行风险管理的目标主要有3点。首先是为了更好地保护存储、处理、传输组织信息的IT系统；其次，通过管理的手段做出相应的风险管理决策，进而提出正当开销作为IT预算的一部分；最后，以风险管理执行后导出的支持文档为基础，在管理方面协助对系统的批准。

5.1.3 风险评估

风险评估也称风险分析，是组织使用适当的风险评估工具，对信息和信息处理设施的威胁、影响和薄弱点及其发生的可能性的评估，也就是确认安全风险及其大小的过程。它是风险管理的重要组成部分。

风险评估是信息安全管理的基础，它为安全管理的后续工作提供方向和依据，后续工作的优先等级和关注程度都是由信息安全风险决定的，而且安全控制的效果也必须通过对剩余风险的评估来衡量。

风险评估是在一定范围内识别所存在的信息安全风险，并确定其大小的过程。风险评估保证信息安全管理活动可以有的放矢，将有限的信息安全预算应用到最需要的地方，风险评估是风险管理的前提。

5.2 信息系统安全工作策略

5.2.1 信息系统安全策略

信息系统安全策略是指为了保障在规定级别下的系统安全而制定和必须遵守的一系列原则和规定，它考虑到入侵者可能发起的任何攻击以及为使系统免遭入侵和破坏而必然采取的措施。实现信息安全，不仅要靠先进的技术，而且也得靠严格的安全管理、法律约束和安全教育。不同组织机构开发的信息系统在结构、功能、目标等方面存在着巨大的差别。因而对于不同的信息系统必须采取不同的安全措施，同时还要考虑到保护信息的成本、被保护信息的价值和使用的方便性之间的平衡。一般地，信息安全策略的制定要遵循以下几方面的要求。

1. 选择先进的网络安全技术

先进的网络安全技术是网络安全的根本保证。用户应首先对安全风险进行评估，选择合适的安全服务种类及安全机制，然后融合先进的安全技术，形成一个全方位的安全体系。

2. 进行严格的安全管理

根据安全目标，建立相应的网络安全管理办法，加强内部管理，建立合适的网络安全管理系统，加强用户管理和授权管理，建立安全审计和跟踪体系，提高整体网络安全意识。

3. 遵循完整一致性

一套安全策略系统代表了系统安全的总体目标，贯穿于整个安全管理的始终。它应该包括组织安全、人员安全、资产安全、物理与环境安全等内容。

4. 坚持动态性

由于入侵者对网络的攻击在时间和地域上具有不确定性，因此信息安全是动态的，具有时间性和空间性。所以信息安全策略也应该是动态的，并且要随着技术的发展和组织内外环境的变化而变化。

5. 实行最小化授权

任何实体只有该主体需要完成其被指定任务所必需的特权，不能拥有更多的特权，对每种信息资源进行使用权限分割，确定每个授权用户的职责范围，阻止越权利用资源行为和越权操作行为，这样可以尽量避免信息系统资源被非法入侵，减少损失。

6. 实施全面防御

建立起完备的防御体系，通过多层次机制相互提供必要的冗余和备份、通过使用不同类型的系统、不同等级的系统获得多样化的防御。若配置的系统单一，那么一个系统被入侵，其他的也就不安全了。要求员工普遍参加网络安全工作，提高安全意识，集思广益、把网络系统设计得更加完善。

7. 建立控制点

在网络对外连接通道上建立控制点，对网络进行监控，实际应用当中在网络系统上建立防火墙，阻止从公共网络对站点进行侵袭，防火墙就是控制点。如果攻击者能绕过防火墙（控制点）对网络进行攻击，那么将会给网络带来极大的威胁。因此，网络系统一定不能有失控的对外连接通道。

8. 监测薄弱环节

对系统安全来说，任何网络系统中总存在薄弱环节，这常成为入侵者首要攻击的目标。系统管理人员全面评价系统的各个环节、确认系统各单元的安全隐患，并改善薄弱环节，尽可能地消除隐患，同时也要监测那些无法消除的缺陷，掌握其安全态势，及时报告系统受到的攻击，及时发现系统漏洞并采取改进措施。增强对攻击事件的应变能力，及时发现攻击行为，跟踪并追究攻击者。

9. 失效保护

一旦系统运行错误，发生故障时，必须拒绝入侵者的访问，更不能允许入侵者跨入内部网络。

5.2.2 信息安全策略的目标

信息安全策略的目标是为信息安全提供管理指导和支持。

一个组织的管理层应当提出一套清晰的策略指导，并且通过在组织内发布和维护信息安全策略来表明对信息安全的重视和管理。从信息安全的角度来看，任何信息系统都是有安全隐患的，都有各自的系统脆弱性和漏洞，因此在实际应用中，网络信息系统成功的标志是风险的最小化和可控性，并非是零风险。信息安全的策略是为了保障系统一定级别的安全而制定和必须遵守的一系列准则和规定，它考虑到入侵者可能发起的任何攻击以及为使系统免遭入侵和破坏而采取的必然措施。

许多信息系统本身并不是按照安全系统的要求来设计的，所以，仅依靠技术手段来实现信息安全有其局限性，信息安全的实现必须得到管理和程序控制的适当支持。确定采取哪些控制方式则需要周密计划，并注意细节。信息安全管理至少需要组织中的所有雇员的参与，此外还需要供应商、顾客或股东的参与和信息安全的专家建议。在信息系统设计阶段就将安全要求和控制一体化考虑，能降低成本，提高效率。

5.3 信息系统风险评估的方法

5.3.1 风险评估的基本步骤

① 按照组织业务运作流程进行资产识别，并根据估价原则对资产进行估价；
② 根据资产所处的环境进行威胁识别与评价；

③ 对应每一威胁，对资产或组织存在的薄弱点进行识别与评价；

④ 对已采取的安全控制进行确认；

⑤ 建立风险测量的方法及风险等级评价原则，确定风险的大小与等级。

5.3.2 常见信息系统风险评估方法

目前，主要的风险评估方法有以下6种：

1. 定制个性化的评估方法

目前虽然已经有许多标准评估方法和流程，但在实践过程中，不应只是这些方法的简单套用和复制，而是以它们作为参考，根据企业的特点及安全风险评估的能力，进行"基因"重组，定制个性化的评估方法，使得评估服务具有可裁剪性和灵活性。评估种类一般有整体评估、IT安全评估、渗透测试、边界评估、网络结构评估、脆弱性扫描、策略评估、应用风险评估等。

2. 安全整体框架的设计

风险评估的目的，不仅在于明确风险，更重要的是为管理风险提供基础和依据。作为评估直接输出，用于进行风险管理的安全整体框架至少应该明确。但是由于不同企业环境差异、需求差异，加上在操作层面可参考的模板很少，使得整体框架应用较少。但是，企业至少应该完成近期1～2年内的框架，这样才能做到有律可依。

3. 多用户决策评估

不同层面的用户能看到不同的问题，要全面了解风险，必须进行多用户沟通评估。将评估过程作为多用户决策过程，对于了解风险、理解风险、管理风险、落实行动，具有极大的意义。事实证明，多用户参与的效果非常明显。多用户决策评估，也需要一个具体的流程和方法。

4. 敏感性分析

企业的系统越发复杂且互相关联，使得风险越来越隐蔽。要提高评估效果，必须进行深入关联分析，例如对一个漏洞，不是简单地分析它的影响和解决措施，而是要推断出可能与之相关的其他技术和管理漏洞，找出原因，对症下药。这需要强大的评估经验知识库作支撑，同时要求评估者具有敏锐的分析能力。

5. 集中化决策管理

安全风险评估需要具有多种知识和能力的人参与，对这些能力和知识的管理，有助于提高评估的效果。集中化决策管理，是评估项目成功的保障条件之一，它不仅是项目管理问题，而且还是知识、能力等"基因"的组合运用。必须选用具有特殊技能的人，去执行相应的关键任务。如控制台审计和渗透性测试，由不具备攻防经验和知识的人执行，就达不到任何效果。

6. 评估结果管理

安全风险评估的输出，不应是文档的堆砌，而是一套能够进行记录、管理的系统。它可能不是一个完整的风险管理系统，但至少是一个非常重要的可管理的风险表述系统。企业需要这样的评估管理系统，使用它来指导评估过程，管理评估结果，以便在管理层面提高评估效果。

5.3.3 谷安IT风险管理系统介绍

1. 产品概述

谷安天下(GooAnn)依据在银行、证券、保险、电信、移动、央企、政府、能源、软件等行业积累的大量信息安全与 IT 风险管理咨询服务案例，总结分析了众多标准与实践经验，进行了系列理论创新与技术创新，创造性地提出了适合国内企业实际情况的 IT 风险管理实践框架，并在此基础上研发了 IT 风险管理系列软件，从组织、流程和资产 3 个维度来全方位地进行风险分析、策略控制、流程管理、审核监控等。协助客户建立全流程的信息安全与 IT 风险管理，帮助客户全面掌控 IT 风险、提高 IT 风险管理效率以及满足各种法律法规与标准的合规性要求等。

GooAnn IT 风险管理系列产品，融合 ISO 27001、等级保护、COBIT、ITIL 等最佳控制实践，综合考虑各行业监管要求，实现了 IT 风险管理与日常安全管理的融合，系统运行界面如图 5-1 所示。

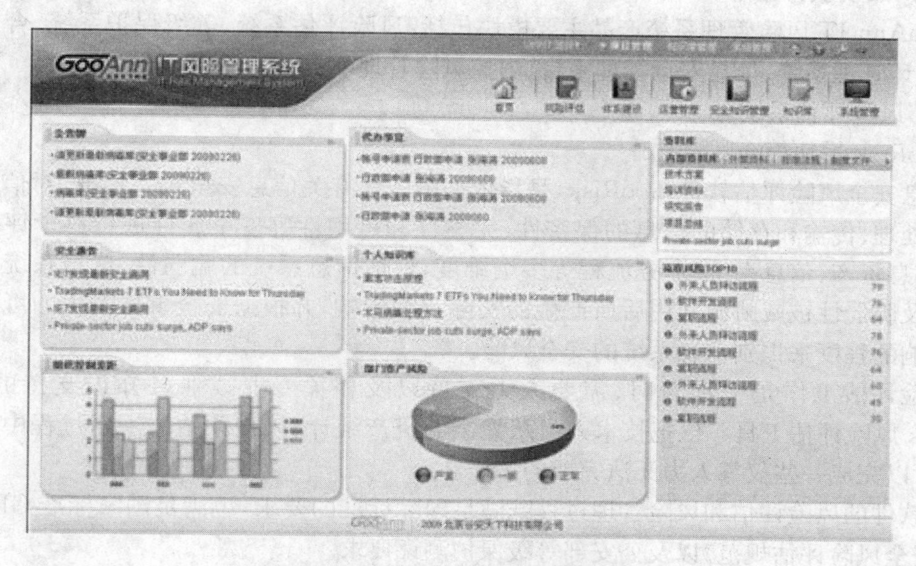

图 5-1　GooAnn IT 风险管理运行界面

GooAnn IT 风险管理系统产品的产品线包括：信息安全管理平台（Goo-ISMS）、内控与风险管理平台（Goo-ITRM）、信息科技合规管理系统（Goo-Compliance）、信息安全风险评估管理系统（Goo-Risk）、IT 审计管理系统（Goo-Audit）、信息系统等级保护建设管理系统（Goo-CP），如图 5-2 所示。

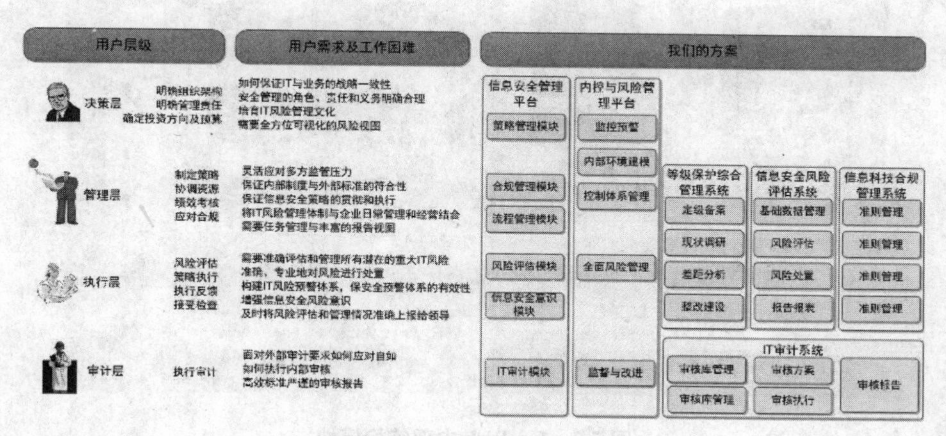

图 5-2　GooAnn IT 系统模块

目前,GooAnn IT 风险管理系列产品已经成功地应用于国内的电信、金融等领域的各个行业。典型客户包括:某大型运营商、某大型交易所、某大型银行、某保险公司、某政府机构、某安全服务商等。

GooAnn IT 风险管理系列产品主要特色:为信息安全部门、内控部门、审计部门等提供信息化支撑工具;支持 ISO 27001、等级保护、COBIT、ITIL、行业监管要求等多种标准和管理体系;将信息安全与 IT 风险管理过程固化,协助信息安全策略的有效实施;灵活应对多种持续的合规监管压力,有条不紊地开展合规管理工作;提供完整的各行业信息安全风险与控制知识库与经验库,并且对知识库进行持续更新。

2. 产品模块介绍

GooAnn IT 风险管理系统产品主要模块包括:风险评估系统、等级保护系统、合规管理系统、审计管理系统、信息安全管理平台、内控风险管理平台。

(1) 风险评估系统

GooRisk 模块简介:

信息安全风险评估软件 GooRisk,是指依据国内外有关信息安全相关标准,对信息系统及由其处理、传输和存储的信息的保密性、完整性和可用性等安全属性进行科学评价的过程,从信息资产、信息系统、业务流程等多个维度,评估信息系统的脆弱性、信息系统面临的威胁以及脆弱性被威胁源利用后所产生的实际负面影响,并根据安全事件发生的可能性和负面影响的程度来识别信息系统的安全风险。

风险评估工作是一项费时、需要人力支持以及相关专业或业务知识支持的工作。GooRisk 风险评估工具不仅把技术人员从繁杂的资产统计、风险评估的工作过程中解脱出来,还可以完成一些仅靠人力无法完成的工作。

该软件的风险评估和风险管理过程既满足国际标准的要求,也满足国家标准 GB 20984《信息安全风险评估规范》以及公安部等级保护测评要求。

GooRisk 风险评估软件的内部结构模块如图 5-3 所示。

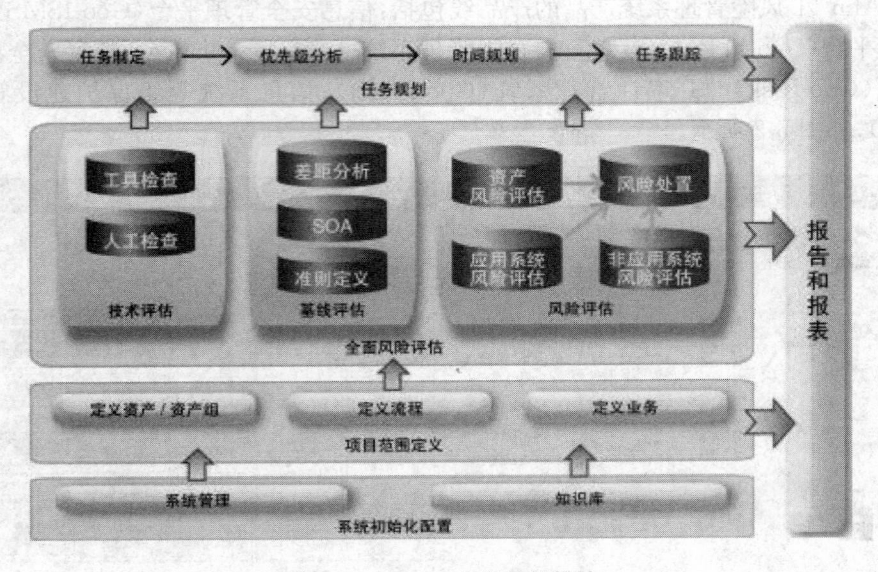

图 5-3　GooRisk 内部结构模块

GooRisk 风险评估软件与外部数据的交互如图 5-4 所示。

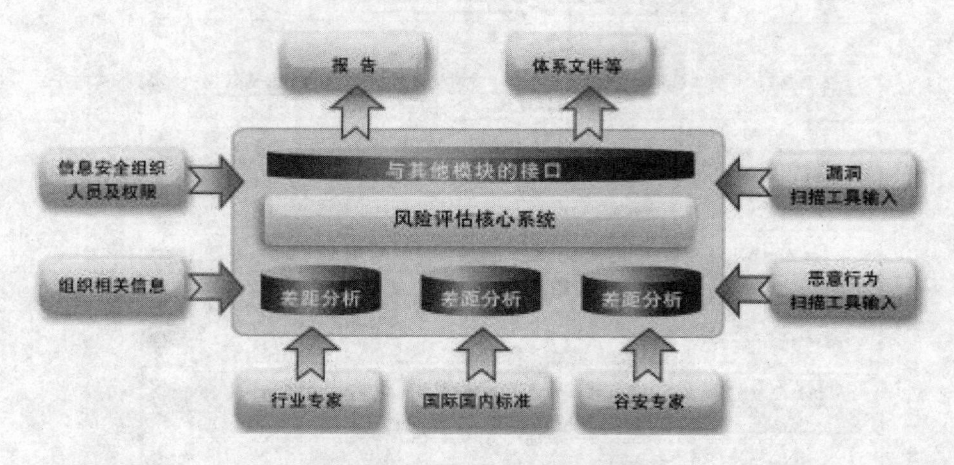

图 5-4　GooRisk 与外部数据的交互

GooRisk 特点：

管理技术并重。提供技术评估工具支持与管理控制措施要求，全面提升风险评估质量。

多角度多层次。提供资产、系统、流程、业务、部门等多角度风险评估视图。

分行业风险评估经验推荐。提供银行、证券、保险、电信、移动、政府、能源、软件等行业的风险知识库。

符合法规标准。全面符合国际标准/国家标准 GB 20984《信息安全风险评估规范》以及公安部等级保护测评要求。

GooRisk 优势：

内置风险评估方法论和丰富的行业知识库；大大提高了风险评估效率和准确性。

GooRisk 给客户带来的收益：

风险评估管理模块主要用于帮助企业轻松完成复杂的资产统计、风险评估工作，最大限度地为企业降低风险评估工作管理成本并提高效率。

(2) 等级保护系统

产品简介：

信息系统等级保护综合管理系统是谷安天下根据国家信息系统等级保护标准研发的管理系统平台，专为等级保护项目的建设过程和管理过程提供工具和知识支持。

该软件平台满足：GB/T 22239－2008《信息安全技术　信息系统安全等级保护基本要求》、GB/T 22240－2008《信息安全技术　信息系统安全等级保护定级指南》、《信息安全技术　信息系统安全等级保护测评要求》(报批稿)、《信息安全技术　信息系统等级保护测评过程指南》(报批稿)、《信息安全技术　信息系统等级保护实施指南》(报批稿)等相关文件要求。

系统根据等级保护建设项目流程，分为等级、备案、现状调研、差距分析、体系建设、报告与报表等功能模块，提供数据信息管理、表单方案报告自动生成和数据汇总分析支撑，流程图如图 5-5 所示。

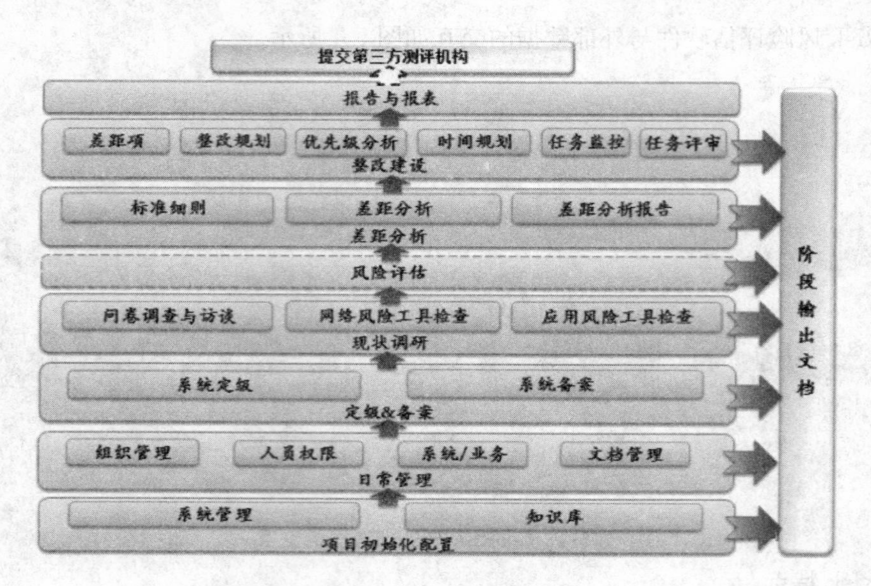

图 5-5 等级保护流程图

(3) 合规管理

GooCompliance 模块简介:

合规性管理主要用于帮助企业满足各种法律、法规、标准、规范的需求,从合规性准则要求出发,对企业合规工作进行管理;准则要求管理包括对合规进行分解、录入或导入的创建过程以及对准则合规性检查表的录入或导入的创建过程;合规矩阵管理可根据准则要求,建立合规控制点,并建立发布流程的流转,明确每个控制点的合规责任人,确认跟踪反馈周期等;合规性检查管理使用标准合规性检查表对标准的控制点进行检查,也可以根据执行人员的执行情况检查表对人员进行检查,最终形成差距分析报告;合规体系建设根据检查结果和差距分析,从体系规划、体系建设、体系完善和体系保障 4 个方面保证组织对标准的符合性;合规性报表统计各准则的合规状态,总体及各部门的合规状况展示图(Dashboard)。GooCompliance 模块图如图 5-6 所示。

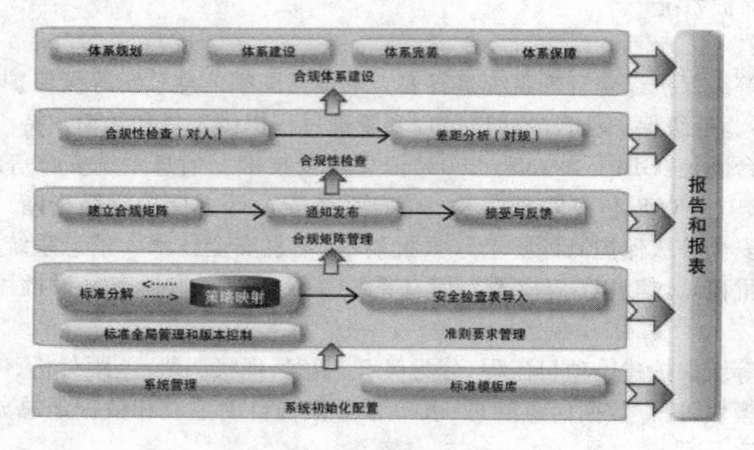

图 5-6 GooCompliance 模块图

GooCompliance 特点:

可满足企业多准则的合规需求;内置丰富的知识库检查单;可根据准则对组织内进行差

距分析和合规性检查；丰富的报表功能。

GooCompliance 优势：

国内首创的兼容多准则可扩展的 IT 合规性管理工具；基于 GooAnn 丰富的咨询经验；内置了大量的相关知识。

GooCompliance 给用户带来的收益：

合规性管理模块主要用于帮助企业灵活应对上级主管部门的合规性要求，将合规性管理工作由无序变有序，适时呈现企业的合规状态。

(4) 审计管理

GooAudit 模块简介：

IT 审计管理是对应企业在做内控管理的需求中针对 IT 控制而研发的管理工具；提供规范的 IT 审计的工作流程，包括审核计划、审核方案、审核点制定、审核执行、审核报告和整改建议 6 大功能点。GooAudit 模块图如图 5-7 所示。

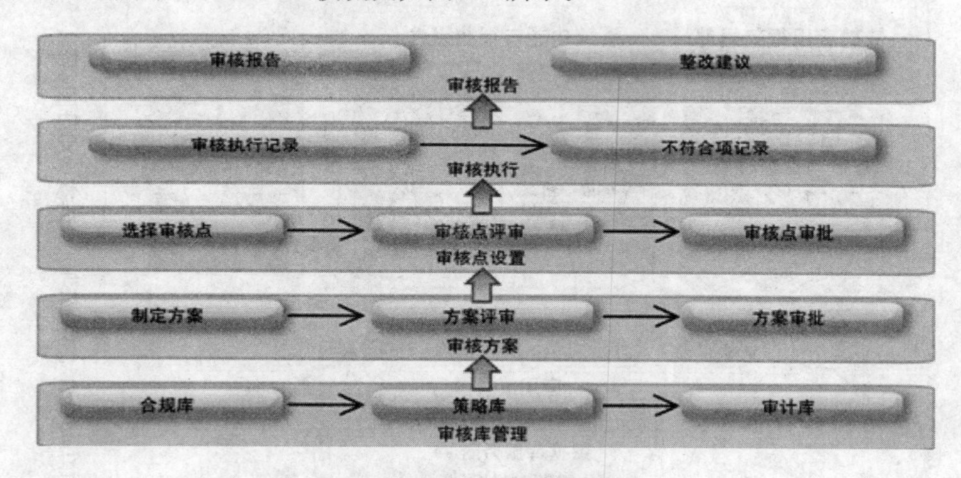

图 5-7　GooAudit 模块图

GooAudit 特点：

将 IT 审计工作整合统一管理，可在复杂的企业环境下达到对 IT 审计工作的透明化和可视化；IT 审计的工作规范化和流程化，将审计工作责任分配落实到人，提高 IT 审计工作效率和增加知识积累。

GooAudit 优势：

国内技术领先的 IT 审计平台，专为各种组织的审计部门设计；GooAnn 丰富的咨询经验汇总了大量的相关知识，供客户选择。

GooAudit 给用户带来的收益：

IT 审计管理模块主要用于帮助企业有计划、有目的地开展审计工作，提高工作效率，同时也可帮助企业培养 IT 审计专业人员。

(5) 信息安全管理平台

产品简介：

谷安天下提供的信息安全管理平台是一款帮助企业建立、发布、执行与审核 IT 相关策略的平台工具，能够有效促进企业 IT 制度体系的建设与落地执行。该解决方案能够使组织采用信息化和自动化的方法在全组织范围内开发、维护和检查安全策略的执行状况。

信息安全管理平台的核心模块是策略管理，策略管理与合规性管理、风险评估、IT 审计、流程管理、知识管理等模块相辅相成，互相关联。各个模块既可以单独使用，也可以与策略管理模块一起使用，策略管理与其他模块关联后将增加企业组织内制度与标准、风险、审计、运营和知识之间的交互。

产品基于 B/S 架构，通过 Web 浏览器进行访问，系统通过服务器集中存储和管理 IT 策略、流程文件。集成协作和工作流引擎能够在可控的条件下访问、创建、修改、评审和发布策略和流程文件。内置工具支持策略的实施、验收、异常跟踪和映射到政策法规的要求。强大的分析和报告与图形仪表板，对每个策略从发起到作废进行全程跟踪管理，让管理人员通过系统的完全可视性，支持 IT 治理。

信息安全管理平台如图 5-8 所示。

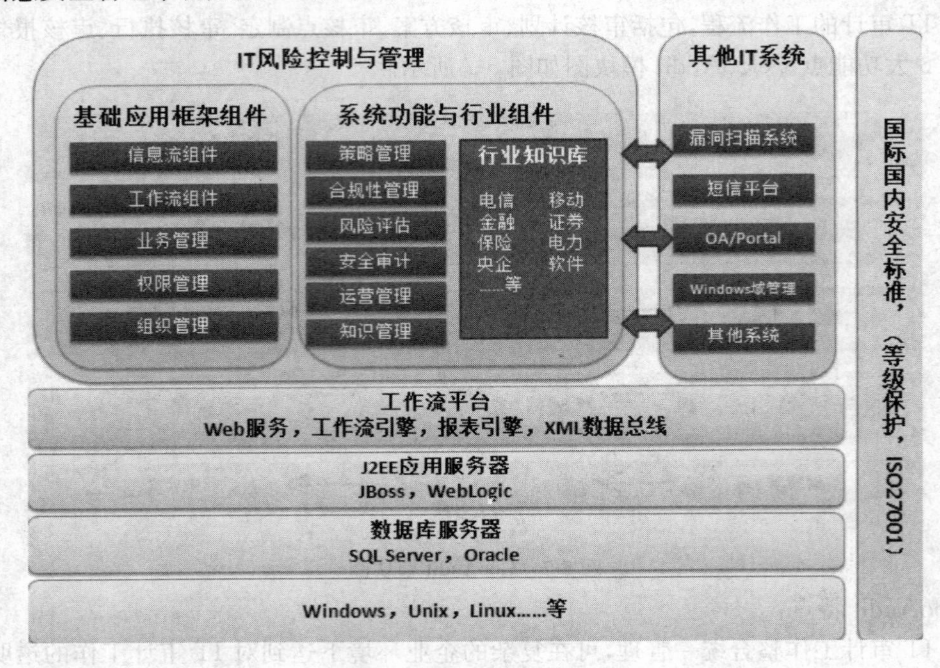

图 5-8 信息安全管理平台

产品特点：

策略创建和发布流程帮助用户轻松添加管理策略；可对策略执行情况进行定期跟踪和记录；可根据策略对组织内进行审核；有效推广信息安全意识；丰富的报表功能，及时掌握策略的执行状况。

产品优势：

国内首创的一款 GRC 类平台产品；基于 GooAnn 丰富的咨询经验，汇总了大量的行业策略库，供客户选择。

给用户带来的收益：

策略管理软件主要用于帮助企业落实具体的 IT 管理策略，企业的策略执行不再依靠人工管理，可大大降低管理成本，提高管理效率，增进管理效果，协助企业真正落实信息安全。

(6) 内控与风险管理平台

产品简介：

谷安天下的内控风险管理平台是一套国内首创的根据内控与风险管理工作业务、国内国际的内控管理相关要求规范和企业业务风险与内部控制框架而设计的内容风险管理平台，内控与风险管理平台的功能模型包括内部环境建模管理、全面风险管理、控制体系管理、监控预警与信息沟通、监督与持续改进等5大功能模块。这5大功能模块是一套有机的结合体，相互支持、相互影响，共同配合作为内控与风险管理工作有力的信息化支撑。

产品特点：

满足企业内控和风险控制管理的需求；内控体系精细化；控制措施流程化；管理手段指标化；风险监控可视化。

给用户带来的收益：

内控风险管理平台能够为客户自下而上、全面控制IT风险，实现IT风险、信息风险与业务风险的关联，为客户提供风险监控视图、风险仪表盘等多层次多维度的报告与报表，提高风险控制效率，降低风险控制成本。

思　考　题

1. 什么是风险管理？风险管理的目标是什么？
2. 风险评估的方法有哪些？
3. 简述信息安全的策略。

附录1 模拟试卷

模拟试卷一

一、判断题(每题1分,共15分)

1. 可用性技术是保护计算机系统内软件和数据不被偶然或人为蓄意地破坏、篡改、伪造等的一种技术手段。(　　)
2. 对称加密算法加密信息时需要用保密的方法向对方提供密钥。(　　)
3. AES算法中加法运算与两个十进制数相加规则相同。(　　)
4. 通过修改某种已知计算机病毒的代码,使其能够躲过现有计算机病毒检测程序时,可以称这种新出现的计算机病毒是原来计算机病毒的变形。(　　)
5. 数字水印的鲁棒性是指水印信息能够容纳机密信息的程度。(　　)
6. DES算法的最核心部分是初始置换。(　　)
7. RSA算法的安全性取决于p、q的保密性和已知r=p·q分解出p、q的困难性。(　　)
8. 在证实中hash函数h能从明文中抽取反映明文特征的字符串,即消息文摘。(　　)
9. 从技术上说,网络容易受到攻击的原因主要是由于网络软件不完善和网络协议本身存在安全缺陷造成的。(　　)
10. 生物特征识别技术是目前身份识别技术中最常见、成本最低、最安全的技术。(　　)
11. 最新版本的GHOST软件不能实现网络系统备份。(　　)
12. 分布式防火墙把因特网和内部网络都视为不可靠的,它对每个用户、每台服务器都进行保护。(　　)
13. 计算机病毒的破坏性、隐蔽性、传染性是计算机病毒基本特征。(　　)
14. 黑客可利用一些工具产生畸形或碎片数据包,这些数据包不能被计算机正确合成,从而导致系统崩溃。(　　)
15. W32Dasm软件针对现在流行的可执行程序进行反编译,即把可执行的文件反编译成汇编语言,是一个典型的动态分析软件。(　　)

二、选择题(每题1分,共15分)

1. 在开始进入一轮DES时先要对密钥进行分组、移位。56位密钥被分成左右两个部分,每部分为28位。根据轮数,这两部分分别循环左移______。
   A. 1位或2位　　　　B. 2位或3位
   C. 3位或4位　　　　D. 4位或5位
2. AES算法利用外部输入字数为Nk的密钥串K,通过扩展密钥程序得到共______字的扩展密钥串。

A. Nb＊(Nr ＋ 1)　　B. Nb＊Nr

C. Nb＊(Nk ＋ 1)　　D. Nb＊Nk

3. DES算法中扩展置换后的E(R)与子密钥k异或后输入______到S盒代替。

A. 64位　　B. 54位

C. 48位　　D. 32位

4. 求乘逆时可以利用欧几里得算法，即重复使用带余数除法，每次的余数为除数除上一次的除数，直到余数为______时止。

A. 0　　B. 1　　C. 2　　D. 3

5. Softice软件是一种______软件。

A. 游戏　　B. 动态分析程序

C. 字处理　　D. 静态分析程序

6. 主动型木马是一种基于远程控制的黑客工具，黑客使用的程序和在你电脑上安装的程序分别是______。

A. 服务程序/控制程序　　B. 木马程序/驱动程序

C. 驱动程序/木马程序　　D. 控制程序/服务程序

7. 在防火墙双穴网关中，堡垒机充当网关，装有______块网卡。

A. 1　　B. 2　　C. 3　　D. 4

8. ______是指借助于客户机/服务器技术，将多个计算机联合起来作为攻击平台，对一个或多个目标发动DDOS攻击，从而成倍地提高拒绝服务攻击的威力。

A. 缓冲区溢出攻击　　B. 拒绝服务

C. 分布式拒绝服务　　D. 口令攻击

9. ______就是要确定你的IP地址是否可以到达，运行哪种操作系统，运行哪些服务器程序，是否有后门存在。

A. 对各种软件漏洞的攻击　　B. 缓冲区溢出攻击

C. IP地址和端口扫描　　D. 服务型攻击

10. 下面______可以用来实现数据恢复。

A. Softice　　B. Ghost　　C. W32Dasm　　D. EasyRecovery

11. 有一种称为嗅探器______的软件，它是通过捕获网络上传送的数据包来收集敏感数据，这些数据可能是用户的账号和密码，也可能是一些机密数据等等。

A. Softice　　B. Unicode　　C. W32Dasm　　D. Sniffer

12. 对等实体鉴别服务是数据传输阶段对______合法性进行判断。

A. 对方实体　　B. 本系统用户

C. 系统之间　　D. 发送实体

13. MD5是按每512位为一组来处理输入的信息，经过一系列变换后，生成一个______位散列值。

A. 64　　B. 128　　C. 256　　D. 512

14. 在为计算机设置使用密码时，下面______是最安全的。

A. 12345678　　B. 66666666

C. 20061001　　D. 72096415

15. 下面是一些常用的工具软件，其中______是加“壳”软件。
A. Softice B. ASPack C. W32Dasm D. Sniffer

三、填空题(每空 1 分，共 10 分)

1. 影响计算机信息安全的因素大致可分为 4 个方面：______、自然灾害、人为疏忽、软件设计不完善等。
2. 包头信息中包括______、IP 目标地址、内装协议、TCP/UDP 目标端口、ICMP 消息类型、TCP 包头中的 ACK 位。
3. 代替密码体制是用另一个字母______明文中的一个字母，明文中的字母位置不变。
4. 现代密码学两个研究方向是对称密码体制和公开密钥加密体制，其中公开密钥加密体制典型代表是______算法。
5. ______是一种破坏网络服务的技术方式，其根本目的是使受害主机或网络失去及时接受处理外界请求，或无法及时回应外界请求的能力。
6. AES 算法处理的基本单位是______和字。
7. DES 是对称算法，第一步是______，最后一步是逆初始变换 IP^{-1}。
8. ______主要是针对已发布的软件漏洞和软件功能更新所采取的软件更新技术，也是一种软件保护方式。
9. 当网络攻击者向某个应用程序发送超出其______最大容量的数据，使数据量超出缓冲区的长度，多出来的数据溢出堆栈，引起应用程序或整个系统的崩溃，这种缓冲区溢出是最常见的拒绝服务攻击方法。
10. 防止计算机系统中重要数据丢失的最简单、最有效的方法是______。

四、简答题(每题 10，共 20 分)

1. 写出 RSA 算法的全过程。(10 分)

2. 写出基于公开密钥的数字签名方案。(10 分)

五、应用题(共40分)

1. 如何检查系统中是否有木马。请举例说明。(15分)

2. 分析分布式拒绝服务DDOS攻击步骤。(15分)

3. 编写一程序，该程序可以完成加法运算，但执行该程序时每隔2分钟就会弹出警告窗口，提示“请购买正式版本”。(10分)

模拟试卷二

一、单选题(每题1分,共15分)

1. 下面不属于计算机信息安全的是______。

A. 安全法规　　B. 信息载体的安全保护

C. 安全技术　　D. 安全管理

2. 在计算机密码技术中,通信双方使用一对密钥,即一个私人密钥和一个公开密钥,密钥对中的一个必须保持秘密状态,而另一个则被广泛发布,这种密码技术是______。

A. 对称算法　　B. 保密密钥算法

C. 公开密钥算法　　D. 数字签名

3. 认证使用的技术不包括______。

A. 消息认证　　B. 身份认证

C. 水印技术　　D. 数字签名

4. ______是采用综合的网络技术设置在被保护网络和外部网络之间的一道屏障,用以分隔被保护网络与外部网络系统防止发生不可预测的、潜在破坏性的侵入,它是不同网络或网络安全域之间信息的唯一出入口。

A. 防火墙技术　　B. 密码技术

C. 访问控制技术　　D. VPN

5. 计算机病毒通常是______。

A. 一条命令　　B. 一个文件

C. 一个标记　　D. 一段程序代码

6. 信息安全需求不包括______。

A. 保密性、完整性　　B. 可用性、可控性

C. 不可否认性　　D. 语义正确性

7. 下面属于被动攻击的手段是______。

A. 假冒　　B. 修改信息

C. 窃听　　D. 拒绝服务

8. 下面关于系统更新说法正确的是______。

A. 系统需要更新是因为操作系统存在着漏洞

B. 系统更新后,可以不再受病毒的攻击

C. 系统更新只能从微软网站下载补丁包

D. 所有的更新应及时下载安装,否则系统会立即崩溃

9. 宏病毒可以感染______。

A. 可执行文件　　B. 引导扇区/分区表

C. Word/Excel 文档　　D. 数据库文件

10. WEP 认证机制对客户硬件进行单向认证,链路层采用______对称加密技术,提供

40位和128位长度的密钥机制。

A. DES　B. RC4　C. RSA　D. AES

11. 在开始进入一轮DES时先要对密钥进行分组、移位。56位密钥被分成左右两个部分，每部分为28位。根据轮数，这两部分分别循环左移______。

A. 1位或2位　B. 2位或3位

C. 3位或4位　D. 4位或5位

12. 在防火墙双穴网关中，堡垒机充当网关，装有______块网卡。

A. 1　B. 2　C. 3　D. 4

13. 下面______可以用来实现数据恢复。

A. Softice　B. Ghost　C. W32Dasm　D. EasyRecovery

14. 有一种称为嗅探器______的软件，它是通过捕获网络上传送的数据包来收集敏感数据，这些数据可能是用户的账号和密码，或者一些机密数据等等。

A. Softice　B. Unicode　C. W32Dasm　D. Sniffer

15. 在为计算机设置使用密码时，下面______是最安全的。

A. 12345678　B. 66666666

C. 20061001　D. 72096415

二、多选题(每题2分，共20分)

1. 计算机病毒的特点有______。

A. 隐蔽性、实时性　B. 分时性、破坏性

C. 潜伏性、隐蔽性　D. 传染性、破坏性

2. 计算机信息系统的安全保护，应当保障______。

A. 计算机及其相关的和配套的设备、设施(含网络)的安全

B. 计算机运行环境的安全

C. 计算机信息的安全

D. 计算机操作人员的安全

3. OSI层的安全技术应该从______来考虑安全模型。

A. 物理层　B. 数据链路层

C. 网络层、传输层、会话层　D. 表示层、应用层

4. 网络中所采用的安全机制主要有______。

A. 区域防护

B. 加密和隐蔽机制、认证和身份鉴别机制、审计、完整性保护

C. 权力控制和存取控制、业务填充、路由控制

D. 公证机制、冗余和备份

5. TCP/IP协议是______的，数据包在网络上通常是______的，容易被______。

A. 公开发布　B. 窃听和欺骗　C. 加密传输　D. 明码传送

6. 网络攻击一般有3个阶段______。

A. 获取信息，广泛传播

B. 获得初始的访问权，进而设法获得目标的特权

C. 留下后门，攻击其他系统目标，甚至攻击整个网络

D. 收集信息,寻找目标

7. 在DNS中,将一个主机名对应多个IP地址的技术称为______。在DNS服务器配置完成后,我们通常使用______命令来测试其工作是否正常。

A. 负载均衡技术　　B. 别名技术

C. traceroute　　D. ping

8. 在SSL协议中,负责沟通通信中所使用的SSL版本的是______,而在具体的加密时,首先会对信息进行分片,分成______字节或更小的片。

A. 协商层　　B. 记录层　　C. 2^9　　D. 2^{14}

9. IEEE802.11标准中定义了两种无线网络的拓扑结构:一种是特殊网络(AD HOC),它是一种点对点连接;另一种是基础设施网络,它是通过______将其连到现有网络中的,如果要防止未授权的用户连接到______上来,最简单的方法是______。

A. 无线网卡　　B. 天线　　C. 无线接入点　　D. 设置登录口令

E. 设置WEP加密　　F. 使用Windows域控制　　G. 设置MAC地址过滤

10. MD5和SHA算法是两种最常见的Hash算法,以下关于它们之间异同的描述中,正确的是______。

A. SHA算法的速度比MD5高

B. SHA算法和MD5对于输出的处理都是按照512位进行,因此输出的位数也相同

C. SHA算法的输出比MD5长,安全性更高,但速度也比较慢一些

D. SHA每一步操作描述比MD5简单

三、判断题(每题1分,共10分)

1. 在计算机外部安全中,计算机防电磁波辐射也是一个重要的问题。它包括两个方面的内容:一是计算机系统受到外界电磁场的干扰,使得计算机系统不能正常工作;二是计算机系统本身产生的电磁波包含有用信号,造成信息泄露,为攻击者提供了信息窃取的可能性。(　　)
2. 与RSA算法相比,DES算法能实现数字签名和数字认证。(　　)
3. 用户认证可以分为单向和双向认证。(　　)
4. 特洛伊木马可以分为主动型、被动型和反弹型3类。(　　)
5. IP协议数据流采用的是密文传输,所以信息很容易被在线窃听、篡改和伪造。(　　)
6. DOS是一种既简单又有效的进攻方式,它的目的就是拒绝用户的服务访问,破坏系统的正常运行,最终使用户的部分因特网连接和网络系统失效,甚至系统完全瘫痪。(　　)
7. SSL是介于传输协议层和应用程序协议层之间的一种可选的协议层。(　　)
8. 在IEEE802.11b协议中包含了一些基本的安全措施:无线局域网络设备的MAC地址访问控制、服务区域认证ESSID以及WEP加密技术。(　　)
9. 网络层防火墙是作用于应用层,一般根据源地址、目的地址做出决策,输入单个IP包。(　　)
10. 软件保护技术是软件开发者为了维护自己的知识产权和经济利益,不断地寻找各种有效方法和技术来维护自身的软件版权,增加其盗版的难度,或延长软件破解的时间,尽可能有效地防止软件在没有授权的情况下被非法使用。(　　)

四、简答题(每题 10 分,共 20 分)

1. 写出 RSA 算法的全过程。

2. 写出基于公开密钥的数字签名方案。

五、应用题(35 分)

1. 如何检查系统中是否有木马?请举例说明。(15 分)

2. 已知加密算法是⊕,即异或运算,明文为一串二进制数 1 1 0 0 1 1 0 0,密钥为 1 1 0 0 0 0 1 1。(10 分)

(1) 试求加密后的密文,如何解密(要求写出具体过程)?

(2) 写出该加密算法的数学表达式。

3. 分析分布式拒绝服务 DDOS 攻击步骤。(10 分)

模拟试卷三

一、判断题(每题1分,共15分)

1. 加强对人的管理是确保计算机系统安全的根本保证。(　　)
2. AES算法是一种分组密码体制,其明文分组长度、密钥长度是固定的。(　　)
3. 设两个整数 a、b 分别被 m 除,如果所得余数相同,则称 a 与 b 对模 m 是同余的。(　　)
4. 在对称密码体制中有 n 个成员的话,就需要 $n(n-1)/2$ 个密钥。而在公开密钥体制中只需要 $2n$ 个密钥。(　　)
5. 单向散列Hash函数作用是:当向Hash函数输入一任意长度的消息M时,Hash函数将输出一不固定长度为 m 的散列值 h。(　　)
6. 信息隐藏技术与密码学技术是两个不同技术。(　　)
7. 分布式拒绝服务DDOS攻击分为3层:攻击者、主控端、代理端,3者在攻击中扮演着相同的角色。(　　)
8. 防火墙的体系结构中双穴网关是由堡垒机、两块网卡、代理服务程序组成。它是最安全的防火墙的体系结构。(　　)
9. 利用欧几里得算法,求乘逆算法时,即重复使用带余数除法:每次的余数为除数除上一次的除数,直到余数为0时止。(　　)
10. 指纹的纹型是指指纹的基本纹路图案。研究表明指纹的基本纹路可分为环型(loop),弓型(arch)和螺旋型(whorl)3种。(　　)
11. 在MD5算法中,要先将已初始化的 A、B、C、D 这四个变量分别复制到 a、b、c、d 中。(　　)
12. W32Dasm是一个强大的动态分析软件,可以实现反汇编,可以针对现在流行的可执行程序进行反编译。(　　)
13. 宏病毒是一种寄存于文档或模板的宏中的计算机病毒,是利用VC语言编写的。(　　)
14. 包攻击一般是依据一个包含常用单词的字典文件、程序进行大量的猜测,直到猜对口令并获得访问权为止。(　　)
15. 拒绝服务是一种破坏网络服务的技术方式,其根本目的是使受害主机或网络失去及时接受处理外界请求,或无法及时回应外界请求的能力。(　　)

二、选择题(每题1分,共15分)

1. 在开始进入一轮DES时先要对密钥进行分组、移位。56位密钥被分成左右两个部分,每部分为28位。根据轮数,这两部分分别循环左移______。

   A. 1位或2位　　　　B. 2位或3位

   C. 3位或4位　　　　D. 4位或5位

2. AES算法利用外部输入字数为Nk的密钥串K,通过扩展密钥程序得到共______字的扩展密钥串。

A. Nb * (Nr + l)　　B. Nb * Nr

C. Nb * (Nk + l)　　D. Nb * Nk

3. DES算法中扩展置换后的E(R)与子密钥k异或后输入______到S盒代替。

A. 64位　　B. 54位　　C. 48位　　D. 32位

4. 求乘逆时可以利用欧几里得算法,即重复使用带余数除法,每次的余数为除数除上一次的除数,直到余数为______时止。

A. 0　　B. 1　　C. 2　　D. 3

5. Softice软件是一种______软件。

A. 游戏　　B. 动态分析程序

C. 字处理　　D. 静态分析程序

6. 主动型木马是一种基于远程控制的黑客工具,黑客使用的程序和在你电脑上安装的程序分别是______。

A. 服务程序/控制程序　　B. 木马程序/驱动程序

C. 驱动程序/木马程序　　D. 控制程序/服务程序

7. 在防火墙双穴网关中,堡垒机充当网关,装有______块网卡。

A. 1　　B. 2　　C. 3　　D. 4

8. ______是指借助于客户机/服务器技术,将多个计算机联合起来作为攻击平台,对一个或多个目标发动DOS攻击,从而成倍地提高拒绝服务攻击的威力。

A. 缓冲区溢出攻击　　B. 拒绝服务

C. 分布式拒绝服务　　D. 口令攻击

9. ______就是要确定你的IP地址是否可以到达,运行哪种操作系统,运行哪些服务器程序,是否有后门存在。

A. 对各种软件漏洞的攻击　　B. 缓冲区溢出攻击

C. IP地址和端口扫描　　D. 服务型攻击

10. 下面______可以用来实现数据恢复。

A. Softice　　B. Ghost　　C. W32Dasm　　D. EasyRecovery

11. 有一种称为嗅探器______的软件,它是通过捕获网络上传送的数据包来收集敏感数据,这些数据可能是用户的账号和密码,也可能是一些机密数据等等。

A. Softice　　B. Unicode　　C. W32Dasm　　D. Sniffer

12. 对等实体鉴别服务是数据传输阶段对______合法性进行判断。

A. 对方实体　　B. 本系统用户

C. 系统之间　　D. 发送实体

13. MD5是按每512位为一组来处理输入的信息,经过一系列变换后,生成一个______位散列值。

A. 64　　B. 128　　C. 256　　D. 512

14. 在为计算机设置使用密码时,下面______是最安全的。

A. 12345678　　B. 66666666

C. 20061001　　D. 72096415

15. 下面是一些常用的工具软件，其中______是加“壳”软件。
A. Softice B. ASPack C. W32Dasm D. Sniffer

三、填空题(每空 1 分，共 10 分)

1. AES 算法的每轮变换由 4 种不同的变换组合而成，它们分别是______、行位移变换、列混合变换和圈密钥加法变换。
2. 计算机信息安全技术研究的内容应该包括 3 个方面：计算机外部安全、计算机信息在存储介质上的安全、______。
3. 你知道的动态分析软件有______。
4. 设两个整数 a、b 分别被 m 除，如果所得余数相同，则称 a 与 b 对模 m 是______。
5. 鲁棒性(robustness)指嵌入有水印的数字信息经过某种改动或变换之后，数字水印______破坏，仍能从数字信息中提取出水印信息。
6. 屏蔽子网网关有一台主机和两台路由器组成，两台路由器分别连接到______和因特网。
7. 计算机病毒是一种能自我复制，破坏计算机系统、破坏数据的______。
8. 进行跟踪时必须使用键盘输入操作，如果封锁______输入功能，就可以实现反跟踪。
9. 人体本身的生理特征包括面像、______、掌纹、视网膜、虹膜和基因等。
10. 对输入任意长度明文，经 MD5 算法后，输出为______。

四、简答题(每题 10 分，共 30 分)

1. 单向散列函数有哪些特点？(10 分)

2. 画出 4 种典型防火墙结构图。(10 分)

3. 如何防止缓冲区溢出？(10 分)

五、应用题(每题10分,共30分)

1. 已知线性替代加密函数为

$$f(a)=(a+3)\bmod 26$$

字母表如下：

a	b	c	d	e	f	g	h	i	j	k	l	m	n	o	p	q	r	s	t	u	v	w	x	y	z
0	1	2	3	4	5	6	7	8	9	10	11	12	13	14	15	16	17	18	19	20	21	22	23	24	25

密文 c=vhfxulwb。试写出解密函数,并对密文进行解密,写出明文 P。

2. 已知 $a=4, r=31$,如果 $a\cdot b\equiv 1 \bmod r$,由数学归纳法可以得出 a 的乘逆 b 的递推公式如下：

$$b_{-1}=0,\quad b_0=1$$
$$b_j=b_{j-2}-b_{j-1}\cdot q_j$$

其中 j 为整数,从1开始,q_j 是 r_j/a_j 的整数部分。当 r_j/a_j 的余数为1时,a 的乘逆 $b=|b_j|$：

(1) 求乘逆 b,写出计算过程。

(2) 画出编写求乘逆程序的流程图。

(3) 用C语言编写求乘逆程序算法。

3. 在MD5算法中,当输入数据为515 bit长时,按每组512位分组后,假设输入的消息M长度为536,最后 M_n 的是“ABC”,已知“A”的ASCII是41H,如何进行数据分组与填充?

模拟试卷四

一、判断题(每题1分,共15分)

1. 信息资源的脆弱性表现为信息在传输、存储过程中容易被破坏,非常容易留下痕迹。(　　)
2. 传统加密算法加密信息时不需要用保密的方法向对方提供密钥。(　　)
3. AES算法消除了在DES里会出现弱密钥和半弱密钥的可能性。(　　)
4. 通过修改某种已知计算机病毒的代码,使其能够躲过现有计算机病毒检测程序时,可以称这种新出现的计算机病毒是原来被修改计算机病毒的变形。(　　)
5. 目前W32Dasm最高版本是W32Dasm ver 10,不能在Windows 9X/2000/XP下运行。(　　)
6. 蠕虫病毒的主要特性有:自我复制能力,很强的传播性、潜伏性,很大的破坏性等。与其他病毒不同,蠕虫不需要将其自身附着到宿主程序上。(　　)
7. RSA算法的安全性与r=p·q保密性无关。(　　)
8. 在证实中,Hash函数h能从明文中抽取反映明文特征的字符串,即消息文摘。(　　)
9. 求最大公约数可以利用欧几里得算法,即重复使用带余数除法:每次的余数为除数除上一次的除数,直到余数为1时为止,则上次余数为最大公约数。(　　)
10. Hash函数的特点是:已知M时,利用h(M)计算出h。已知h时,要想从h(M)计算出M也很容易。(　　)
11. 如果使一台主机能够接收所有数据包,而不理会数据包头内容,这种方式通常称为"混杂"模式。(　　)
12. 代理服务其行为就好像是一个网关,作用于网络的应用层。(　　)
13. 只备份上次完全备份以后有变化的数据称为异地备份。(　　)
14. Sniffer中文翻译为嗅探器,它是利用计算机网络接口截获数据报文的一种工具。(　　)
15. 分布式拒绝服务DDOS攻击分为3层:攻击者、主控端、代理端,3者在攻击中扮演着相同的角色。(　　)

二、选择题(每题1分,共15分)

1. 在开始进入一轮DES时先要对密钥进行分组、移位。56位密钥被分成左右两个部分,每部分为28位。根据轮数,这两部分分别循环左移______。

   A. 1位或2位　　B. 2位或3位

   C. 3位或4位　　D. 4位或5位

2. AES算法的每轮变换由4种不同的变换组合而成,它们分别是______、行位移变换、列混合变换和圈密钥加法变换。

A. S盒变换　　B. Y盒变换
C. X盒变换　　D. Z盒变换

3. 蠕虫病毒大多是用VBScript脚本语言编写的，而VBScript代码是通过______来解释执行的。
A. VBScript脚本语言　　B. Visual Studio语言
C. Windows Script Host　　D. Visual Basic语言

4. 从技术上说，网络容易受到攻击的原因主要是由于网络软件不完善和______本身存在安全漏洞造成的。
A. 人为破坏　　B. 硬件设备
C. 操作系统　　D. 网络协议

5. Softice软件是一种______软件。
A. 游戏　　B. 动态分析程序
C. 字处理　　D. 静态分析程序

6. 在防火墙双穴网关中，堡垒机充当网关，装有______块网卡。
A. 1　　B. 2　　C. 3　　D. 4

7. 在个人计算机中安装防火墙系统的目的是______。
A. 保护硬盘　　B. 使计算机绝对安全
C. 防止计算机病毒和黑客　　D. 保护文件

8. 目前防火墙可以分成两大类，它们是网络层防火墙和______。
A. 表示层防火墙　　B. 应用层防火墙
C. 会话层防火墙　　D. 传输层防火墙

9. 有一种称为嗅探器______的软件，它是通过捕获网络上传送的数据包来收集敏感数据，这些数据可能是用户的账号和密码，也可能是一些机密数据等等。
A. Softice　　B. Unicode　　C. W32Dasm　　D. Sniffer

10. MD5算法将输入信息M按顺序每组______长度分组，即$M_1, M_2, \cdots, M_{n-1}, M_n$。
A. 64位　　B. 128位　　C. 256位　　D. 512位

11. PGP加密算法是混合使用______算法和IDEA算法，它能够提供数据加密和数字签名服务，主要用于邮件加密软件。
A. DES　　B. RSA　　C. IDEA　　D. AES

12. ______的目标是识别系统内部人员和外部入侵者的非法使用、滥用计算机系统的行为。
A. 入侵检测　　B. 杀毒软件
C. 防火墙　　D. 网络扫描

13. 下面是一些常用的工具软件，其中______是数据备份软件。
A. Hiew　　B. Ghost
C. Resource Hacker　　D. EasyRecovery

14. 设$a \cdot b\varphi 1 (\mathrm{mod}\ r)$，已知$a$，求$b$，称求$a$对于模$r$的乘逆$b$，称$a$、$b$对$r$ ______。
A. 互为乘逆　　B. 互为乘法
C. 互为余数　　D. 互为质数

15. ______过程就是验证用户名和序列号之间的换算关系，即数学映射关系是否正确的过程。

A. 软件验证密码的合法性　　B. 软件验证注册码合法性
C. 软件验证序列号的合法性　　D. 软件验证口令的合法性

三、填空题(每空1分,共10分)

1. 影响计算机信息安全的因素大致可分为3个方面：______、自然灾害、人为疏忽等。
2. AES算法是一种______密码体制,其明文分组长度、密钥长度可以是128比特、192比特、256比特中的任意一个。
3. 水印容量是指在数字信息中加入的______。
4. DSA的安全性主要是依赖于有限域上离散对数问题求解的______性。
5. 现代密码学两个主要研究方向是对称密码体制和公开密钥体制,其中公开密钥体制典型代表是______。
6. DES是分组加密算法,它以64位为一组,对称数据加密,64位明文输入,______密文输出。
7. 包头信息中包括______、IP目标地址、内装协议、TCP/UDP目标端口、ICMP消息类型、TCP包头中的ACK位。
8. ______是一种破坏网络服务的技术方式,其根本目的是使受害主机或网络失去及时接受处理外界请求,或无法及时回应外界请求的能力。
9. 当网络攻击者向某个应用程序发送超出其______最大容量的数据,使数据量超出缓冲区的长度,多出来的数据溢出堆栈,引起应用程序或整个系统的崩溃。
10. ______、隐蔽性、传染性是计算机病毒基本特征。

四、简答题(每题10分,共30分)

1. 写出RSA算法的全过程。(10分)

2. 计算机病毒程序一般由哪几个模块构成?(10分)

3. 什么是软件的静态分析和动态分析?(10分)

五、应用题(每题10分,共30分)

1. 你在使用计算机时遇到过计算机病毒或黑客吗？它们的表现现象如何？如何使自己的计算机尽可能避免计算机病毒的破坏？(10分)

2. 设有明文字符串为“How are you?”,请按照置换表

4	7	1	2
5	6	8	10
9	3	12	11

写出经过加密后的密文(注意:空格占用一个字符,可以用 * 号表示)。(10分)

3. 从软件保护的角度考虑,设计程序时应该注意哪些问题？(10分)

模拟试卷五

一、判断题(每题 1 分,共 15 分)

1. 对计算机系统安全最大的威胁是自然灾害。( )
2. 虽然 AES 算法比 DES 算法支持更长的密钥,但 AES 算法不如 DES 算法安全。( )
3. 利用欧几里得算法,求乘逆算法时,即重复使用带余数除法:每次的余数为除数除上一次的除数,直到余数为 1 时止。( )
4. DES 算法加密明文时,首先将明文 64 位分成左右两个部分,每部分为 32 位。( )
5. 公开密钥算法不容易用数学语言描述,保密性建立在已知数学问题求解困难的这个假设上。( )
6. 实时反病毒是对任何程序在调用之前都被过滤一遍,一有病毒侵入,它就报警,并自动杀毒,将病毒拒之门外,做到防患于未然。( )
7. 拒绝服务是一种破坏网络服务的技术方式,其根本目的是使受害主机或网络失去及时接受处理外界请求,或无法及时回应外界请求的能力。( )
8. 防火墙作为内部网与外部网之间的一种访问控制设备,常常安装在内部网和外部网交界的点上,所以防火墙一定是一个硬件产品。( )
9. “状态分析技术”是数据包过滤技术的延伸,经常被称为“动态数据包过滤”。( )
10. PGP 加密算法是混合使用 RSA 算法和 IDEA 算法,它能够提供数据加密和数字签名服务,主要用于邮件加密软件。( )
11. 有的木马具有很强的潜伏能力,表面上的木马程序被发现并被删除以后,后备的木马在一定的条件下会恢复被删除的木马。( )
12. DSS(Digital Signature Standard)是利用了安全散列函数(SHA)提出的一种数字加密技术。( )
13. 镜像备份就是把备份目标的整个磁盘区直接拷贝到存储区,这是一种简单的备份,但要注意磁盘上的数据内容。( )
14. 所谓静态分析即从反汇编出来的程序清单上分析程序流程,从提示信息入手,进行分析,以便了解软件中各模块所完成的功能,各模块之间的关系,了解软件的编程思路。( )
15. 指纹识别技术是通过分析指纹的全局特征和局部特征从指纹中抽取的特征值,从而通过指纹来确认一个人的身份。( )

二、选择题(每题 1 分,共 15 分)

1. AES 中将一个______的字可以看成是系数在 GF(2^8)中并且次数小于 4 的多项式。
   A. 2 字节　　B. 3 字节　　C. 4 字节　　D. 5 字节
2. ______是 DES 算法的核心部分,它提供了很好的混乱数据效果,提供了更好的安全性。
   A. S 盒代替　　B. P 盒置换

C. 压缩置换　D. 扩展置换

3. RSA 算法中需要选择一个与 $\varphi(r)$ 互质的量 k，k 值的大小与 $\varphi(r)$ 关系是______。

A. 无关　B. $k>\varphi(r)$

C. $k=\varphi(r)$　D. $k<\varphi(r)$

4. 软件产品的脆弱性是产生计算机病毒的______。

A. 技术原因　B. 社会原因

C. 自然原因　D. 人为原因

5. ______是使计算机疲于响应这些经过伪装的不可到达客户的请求，从而使计算机不能响应正常的客户请求等，从而达到切断正常连接的目的。

A. 包攻击　B. 服务型攻击

C. 缓冲区溢出攻击　D. 口令攻击

6. TCP/IP 协议规定计算机的端口有______个，木马可以打开一个或者几个端口，黑客所使用的控制器就进入木马打开的端口。

A. 32768　B. 32787　C. 1024　D. 65536

7. 下面是一些常用的工具软件，其中______是加“壳”软件。

A. Softice　B. W32Dasm　C. Superscan　D. ASPack

8. 对于一个要求安全性很高的大型企业，应选择______防火墙的体系结构。

A. 双穴网关　B. 屏蔽主机网关

C. 屏蔽子网网关　D. 个人

9. 状态分析技术不需要把客户机/服务器模型一分为二，状态分析技术是在______截获数据包的。

A. 应用层　B. 传输层　C. 网络层　D. 物理层

10. 下面是一些常用的工具软件，其中______是数据备份软件。

A. Hiew　B. Second Copy 2000

C. Resource Hacker　D. EasyRecovery

11. 下面正确的说法是______。

A. 防火墙可以防范一切黑客入侵

B. 防火墙增加杀毒功能后可以提高防火墙工作速度

C. 在一个安全体系中不能同时使用两个防火墙

D. 防火墙可以实现网络地址翻译功能

12. ______是一种自动检测远程或本地主机安全性弱点的程序。

A. 杀毒程序　B. 扫描器程序

C. 防火墙　D. 操作系统

13. 代理服务位于内部用户和外部服务之间。代理在______和因特网服务之间的通信以代替相互间的直接交谈。

A. 幕前处理所有用户　B. 幕后处理所有用户

C. 幕前处理个别用户　D. 幕后处理个别用户

14. ______只备份上次完全备份以后有变化的数据。

A. 差分备份　B. 增量备份

C. 本地备份　D. 异地备份

15. 目前防火墙可以分成两大类,它们是网络层防火墙和______。
A. 应用层防火墙　　B. 表示层防火墙
C. 会话层防火墙　　D. 传输层防火墙

三、填空题(每空1分,共10分)

1. 我们将计算机信息安全策略分为3个层次:政策法规层、______、安全技术层。
2. 古典移位密码是将明文字符集循环向前或向后移动一个______位置。
3. 当AES的输入明文分组长度为128位时,经AES加密处理后,得到的输出是______。
4. DES是对称算法,第一步是初始变换,最后一步是______。
5. RSA算法的安全性取决于p、q保密性和已知$r=p \cdot q$分解出p、q的______。
6. 单向散列函数,也称Hash函数,它可以为我们提供电子信息完整性的判断依据,是防止信息被______的一种有效方法。
7. 应用层防火墙也称为代理防火墙,它作用于______层,一般是运行代理服务器的主机。
8. ______攻击是向操作系统或应用程序发送超长字符串,导致程序在缓冲区溢出时意外出错甚至退出,使黑客获得系统管理员的权限。
9. 生物特征识别技术是根据人体本身所固有的生理特征、行为特征的______性,利用图像处理技术和模式识别的方法来达到身份鉴别或验证目的的一门科学。
10. 你知道的端口扫描软件有______。

四、简答题(每题10分,共30分)

1. 画出一轮DES算法流程图。(10分)

2. 如何防范网络监听?(10分)

3. 写出生物特征识别过程。(10分)

五、应用题(每题 10 分,共 30 分)

1. 设英文字母 $a,b,c,\cdots$ 分别编号为 $0,1,2,\cdots,25$,仿射密码加密变换为

$$c=(3m+5)\ \mathrm{mod}\ 26$$

其中 m 表示明文编号,c 表示密文编号。

(1) 试对明文 security 进行加密。

(2) 写出该仿射密码的解密函数。

(3) 试对密文进行解密。

2. 已知 DES 算法 S 盒代替表如下:

代替函数 S_i	列号 ↓	行号 0	1	2	3	4	5	6	7	8	9	10	11	12	13	14	15
S_2	0	15	1	8	14	6	11	3	4	9	7	2	13	12	0	5	10
	1	3	13	4	7	15	2	8	14	12	0	1	10	6	9	11	5
	2	0	14	7	11	10	4	13	1	5	8	12	6	9	3	2	15
	3	13	8	10	1	3	15	4	2	11	6	7	12	0	5	14	9

当 S_2 盒的输入分别为 101011 和 110101 时,写出 S_2 盒的输出(要求写出具体过程)。

3. 设 b、c 为整数,$b>0$,$c>0$,$b>c$,我们可以利用欧几里得(Euclidean)算法求 b、c 的最大公约数。欧几里得算法:每次的余数为除数,除上一次的除数,直到余数为 0 时止,则上次余数为最大公约数。请用 C 语言写出欧几里得求最大公约数算法,并计算(60,35)的最大公约数。

附录 2　模拟试卷参考答案

模拟试卷一参考答案

一、判断题(每题 1 分,共 15 分)

1. ×　2. √　3. ×　4. √　5. ×　6. ×　7. √　8. √　9. √　10. ×　11. ×　12. √
13. √　14. √　15. ×

二、选择题(每题 1 分,共 15 分)

1. A　2. A　3. C　4. B　5. B　6. D　7. B　8. C　9. C　10. D　11. D　12. A　13. B
14. D　15. B

三、填空题(每空 1 分,共 10 分)

1. 人为破坏　2. IP 原地址　3. 代替　4. RSA　5. 拒绝服务　6. 字节　7. 初始变换
8. 补丁技术　9. 缓冲区　10. 数据备份

注:本题答案与标准答案基本相同即可得分。

四、简答题(每题 10 分,共 20 分)

1. 选择密钥:

(1) 选择两个不同的素数 p、q。

(2) 计算公开模数 $r=p\times q$。

(3) 计算欧拉函数 $\varphi(r)=(p-1)\cdot(q-1)$。

(4) 选择一个与 $\varphi(r)$互质的量 k,即保证 $\gcd(\varphi(r),k)=1$ 时,选择 k 可以令 $sp=k$ 或 $pk=k$。

(5) 根据 $sk\cdot pk\varphi 1 \bmod \varphi(r)$,已知 sk 或 pk,用乘逆算法求 pk 或 sk。

加密:

密文 $C_i=P_i^{pk} \bmod r$

密文序列 $C=C_1C_2\cdots C_i\cdots$

解密:

明文 $P_i=C_i^{sk} \bmod r$

明文序列 $P=P_1P_2\cdots P_i\cdots$

2. 公开密钥体制可以用来设计数字签名方案。设用户 Alice 发送一个签了名的明文 M

给用户 Bob 的数字签名一般过程如下：

Alice 用信息摘要函数 hash 从 M 抽取信息摘要 M；

Alice 用自己的私人密钥对 M′加密，得到签名文本 S，即 Alice 在 M 上签了名；

Alice 用 Bob 的公开密钥对 S 加密得到 S′；

Alice 将 S′和 M 发送给 Bob；

Bob 收到 S′和 M 后，用自己的私人密钥对 S′解密，还原出 S；

Bob 用 Alice 的公开密钥对 S 解密，还原出信息摘要 M′；

Bob 用相同信息摘要函数从 M 抽取信息摘要 M″；

Bob 比较 M′与 M″，当 M′与 M″相同时，可以断定 Alice 在 M 上签名。

五、应用题(共 40 分)

1. 在手工删除木马之前，最重要的一项工作是备份注册表，防止系统崩溃，备份你认为是木马的文件。如果不是木马就可以恢复，如果是木马就可以对木马进行分析，具体步骤如下：

(1) 查看注册表。

(2) 检查启动组。

(3) 检查系统配置文件。

(4) 查看端口与进程。

(5) 查看目前运行的服务。

(6) 检查系统账户。

例：经过技术分析，对病毒“震荡波”E(Worm. Sasser. E)手工杀毒方法是：

(1) 若系统为 WinXP，则先关闭系统还原功能。

(2) 使用进程序管理器结束病毒进程。

单击任务栏→“任务管理器”→“Windows 任务管理器”窗口→“进程”标签→在列表栏内找到病毒进程“lsasss. exe”或任何前面是 4～5 个数字后面紧接着 _upload. exe(如 74354_up. exe)的进程→“结束进程”按钮→“是”→结束病毒进程→关闭“Windows 任务管理器”。

(3) 查找并删除病毒程序。

通过“我的电脑”或“资源管理器”进入系统目录(Winnt 或 windows)，找到文件“lsasss. exe”，将它删除，然后进入系统目录(Winnt\system32 或 windows\system32)，找到文件“ * _upload. exe”，将它们删除；

(4) 清除病毒在注册表里添加的项。

打开注册表编辑器，单击“开始”→“运行”→输入“Regedit”→按“Enter”键，在左边的面板中，双击(按箭头顺序查找，找到后双击)“HKEY_CURRENT_USER\SOFTWARE\Microsoft\Windows\CurrentVersion\Run”，在右边的面板中，找到并删除如下项目：“"sasss. exe"＝%SystemRoot%\lsasss. exe”，关闭注册表编辑器。

2. DDOS 攻击的步骤如下：

(1) 搜集攻击目标：

了解被攻击目标主机数目、地址情况，目标主机的配置、性能、目标的带宽等。

(2) 占领傀儡机：

黑客通过扫描工具等，发现因特网上那些有漏洞的机器，随后就是尝试攻击。攻击成功后，就可以占领和控制被攻击的主机，即傀儡机。黑客可以利用 FTP 等把 DDOS 攻击用的程序上传到傀儡机中。

(3) 实际攻击：

黑客登录到作为控制台的攻击机，向所有傀儡机发出命令，这时候埋伏在傀儡机中的 DDOS 攻击程序就会响应控制台的命令，一起向受害主机以高速度发送大量的数据包，导致受害主机死机或是无法响应正常的请求。

注：对应用题 1，2 题，所有关键语句回答正确时可得 9 分，根据回答问题的详细程度，最多可加 6 分。

3. 程序代码如下：

```
PublicClassForm1
……
DimtAsInteger
SubButton1_Click(……)HandlesButton1.Click
t=120      'Button1 开始计时按钮，共 120 秒
Timer1.Enabled=True      '定时器间隔设定为 1 秒
EndSub

SubButton2_Click(……)HandlesButton2.Click
TextBox3.Text=TextBox1.Text+TextBox2.Text  'Button2 加法计算按钮
EndSub

SubTimer1_Tick(……)HandlesTimer1.Tick
Dimm,sAsInteger
t=t-1        '倒计时
If(t=0)Then
Timer1.Enabled=False
MsgBox("请购买正式版本")
EndIf
EndSub
```

注：该题可以使用任何一种计算机语言，基本设计方法正确可得 6 分，语言规范可得 4 分。

模拟试卷二参考答案

一、单选题(每题 1 分,共 15 分)

1. A　2. C　3. C　4. A　5. D　6. D　7. C　8. A　9. C　10. B　11. A　12. B　13. D　14. D　15. D

二、多选题(每题 2 分,共 20 分)

1. CD　2. ABC　3. ABCD　4. BCD　5. ADB　6. DBC　7. BD　8. AD　9. CE　10. CD

三、判断题(每题 1 分,共 10 分)

1. √　2. ×　3. √　4. ×　5. ×　6. √　7. ×　8. √　9. ×　10. √

四、简答题(每题 10 分,共 20 分)

1. 选择密钥:

(1) 选择两个不同的素数 p、q。

(2) 计算公开模数 $r=p\times q$。

(3) 计算欧拉函数 $\varphi(r)=(p-1)\cdot(q-1)$。

(4) 选择一个与 $\varphi(r)$ 互质的量 k,即保证 $\gcd(\varphi(r),k)=1$ 时,选择 k,可以令 $sp=k$ 或 $pk=k$。

(5) 根据 $sk\cdot pk\varphi 1 \bmod \varphi(r)$,已知 sk 或 pk,用乘逆算法求 pk 或 sk。

加密:

密文 $C_i=P_i^{pk} \bmod r$

密文序列 $C=C_1C_2\cdots C_i\cdots$

解密:

明文 $P_i=C_i^{sk} \bmod r$

明文序列 $P=P_1P_2\cdots P_i\cdots$

2. 公开密钥体制可以用来设计数字签名方案。设用户 Alice 发送一个签了名的明文 M 给用户 Bob 的数字签名一般过程如下:

Alice 用信息摘要函数 hash 从 M 抽取信息摘要 M′;

Alice 用自己的私人密钥对 M′加密,得到签名文本 S,即 Alice 在 M 上签了名;

Alice 用 Bob 的公开密钥对 S 加密得到 S′;

Alice 将 S′和 M 发送给 Bob;

Bob 收到 S′和 M 后,用自己的私人密钥对 S′解密,还原出 S;

Bob 用 Alice 的公开密钥对 S 解密,还原出信息摘要 M′;

Bob 用相同信息摘要函数从 M 抽取信息摘要 M″;

Bob 比较 M′与 M″,当 M′与 M″相同时,可以断定 Alice 在 M 上签名。

五、应用题(共35分)

1. 在手工删除木马之前,最重要的一项工作是备份注册表,防止系统崩溃,备份你认为是木马的文件。如果不是木马就可以恢复,如果是木马就可以对木马进行分析,具体步骤如下:

(1) 查看注册表。

(2) 检查启动组。

(3) 检查系统配置文件。

(4) 查看端口与进程。

(5) 查看目前运行的服务。

(6) 检查系统账户。

例:经过技术分析,对病毒"震荡波"E(Worm. Sasser. E)手工杀毒方法是:

(1)若系统为WinXP,则先关闭系统还原功能。

(2) 使用进程序管理器结束病毒进程。

单击"任务栏"→"任务管理器"→"Windows任务管理器"窗口→"进程"标签→在列表栏内找到病毒进程"lsasss. exe"或任何前面是4～5个数字后面紧接着_upload. exe(如74354_up. exe)的进程→"结束进程按钮"→"是"→结束病毒进程→关闭"Windows任务管理器"。

(3) 查找并删除病毒程序。

通过"我的电脑"或"资源管理器"进入系统目录(Winnt或windows),找到文件"lsasss. exe",将它删除,然后进入系统目录(Winnt\system32或windows\system32),找到文件"*_upload. exe",将它们删除。

(4) 清除病毒在注册表里添加的项。

打开注册表编辑器,单击"开始"→"运行"→输入"Regedit"→按"Enter"键,在左边的面板中,双击(按箭头顺序查找,找到后双击)"HKEY_CURRENT_USER\SOFTWARE\Microsoft\Windows\CurrentVersion\Run",在右边的面板中,找到并删除如下项目:""lsasss. exe"=%SystemRoot%\lsasss. exe",关闭注册表编辑器。

2. (1) 加密后的密文为:$C=P\oplus K=00001011$

解密后的密文为:$P=C\oplus K=11001100$

3. DDOS攻击的步骤如下:

(1) 搜集攻击目标:

了解被攻击目标主机数目、地址情况,目标主机的配置、性能、目标的带宽等。

(2) 占领傀儡机:

黑客通过扫描工具等,发现因特网上那些有漏洞的机器,随后就是尝试攻击。攻击成功后,就可以占领和控制被攻击的主机,即傀儡机。黑客可以利用FTP等把DDOS攻击用的程序上传到傀儡机中。

(3) 实际攻击:

黑客登录到作为控制台的攻击机,向所有傀儡机发出命令,这时候埋伏在傀儡机中的DDOS攻击程序就会响应控制台的命令,一起向受害主机以高速度发送大量的数据包，导致受害主机死机或是无法响应正常的请求。

模拟试卷三参考答案

一、判断题(每题1分，共15分)

1. √　2. ×　3. √　4. √　5. ×　6. √　7. ×　8. ×　9. ×　10. √　11. √　12. ×　13. ×　14. ×　15. √

二、选择题(每题1分，共15分)

1. A　2. A　3. C　4. B　5. B　6. D　7. B　8. C　9. C　10. D　11. D　12. A　13. B　14. D　15. B

三、填空题(每空1分，共10分)

1. S盒变换　2. 计算机网络安全　3. Softice　4. 同余的　5. 不会被　6. 内部网　7. 程序　8. 键盘　9. 指纹　10. 128

注：本题答案与标准答案基本相同即可得分。

四、简答题(每题10分，共30分)

1. 安全的Hash函数的特点是：
   (1) Hash函数能从任意长度的M中产生固定长度的散列值h。
   (2) 已知M时，利用h(M)很容易计算出h。
   (3) 已知M时，要想通过控制同一个h(M)，计算出不同的h是很困难的。
   (4) 已知h时，要想从h(M)中计算出M是很困难的。
   (5) 已知M时，要找出另一信息M′，使h(M)=h(M′)是很困难的。
2. 略。
3. (1) 编写正确的代码，要求举例说明。
   (2) 安装漏洞补丁。

五、应用题(共30分)

1. security。
2. (1) $31=4*7+3$，此时 $q_1=7, r_1=3$；
   $b_1=0-1*7=-7$；
   $4=3*1+1$，此时 $q_2=1, r_2=1$；
   $b_2=1+7*1=8$；
   a 的乘逆为8。
   (2) 求剩逆算法程序流程图。
   (3) 已知 sk，$sk*pk\equiv 1 \bmod r$，求解 pk 子程序如下：

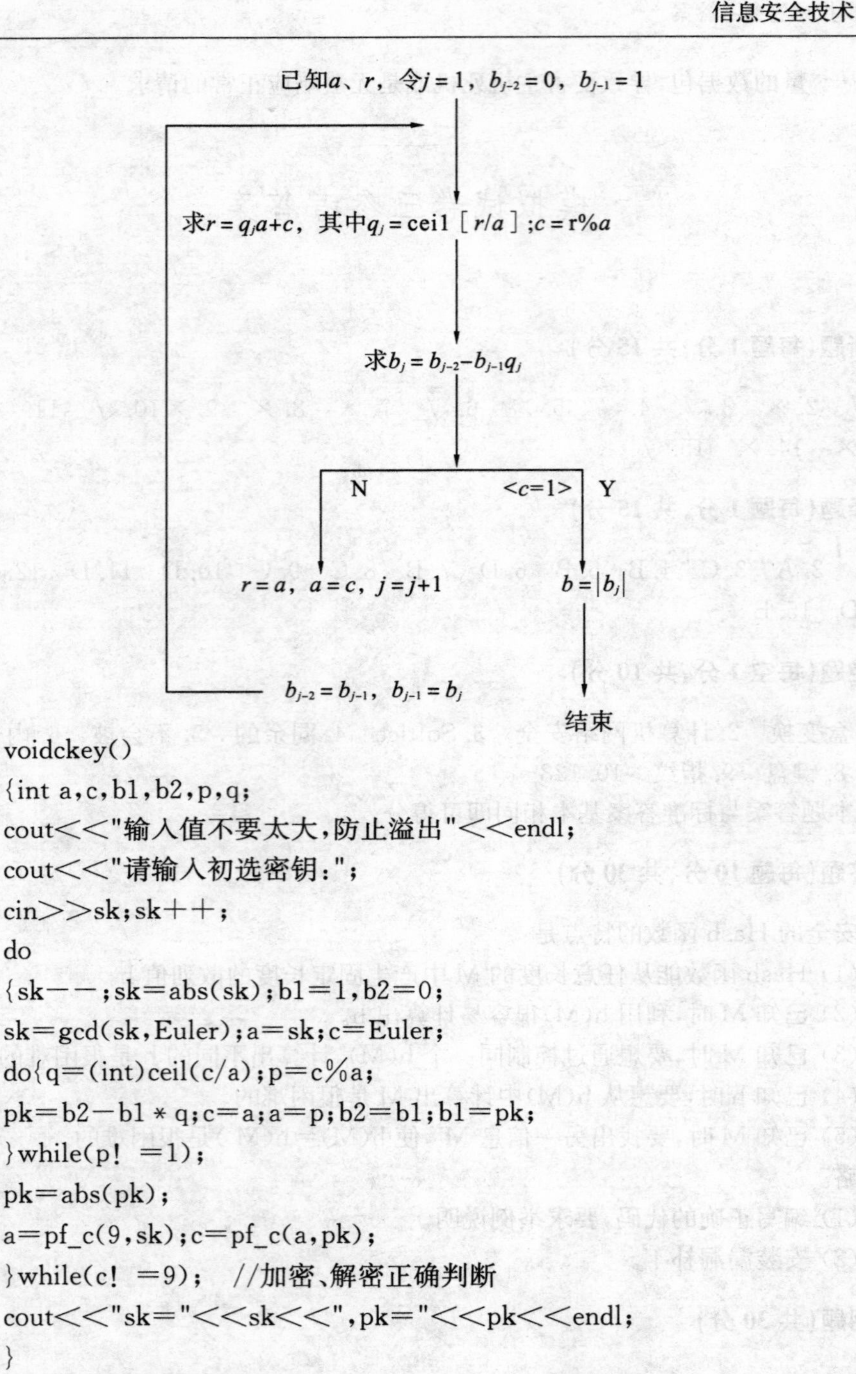


```
voidckey()
{int a,c,b1,b2,p,q;
cout<<"输入值不要太大,防止溢出"<<endl;
cout<<"请输入初选密钥:";
cin>>sk;sk++;
do
{sk--;sk=abs(sk);b1=1,b2=0;
sk=gcd(sk,Euler);a=sk;c=Euler;
do{q=(int)ceil(c/a);p=c%a;
pk=b2-b1*q;c=a;a=p;b2=b1;b1=pk;
}while(p!=1);
pk=abs(pk);
a=pf_c(9,sk);c=pf_c(a,pk);
}while(c!=9); //加密、解密正确判断
cout<<"sk="<<sk<<",pk="<<pk<<endl;
}
```

3. 010000010100001001000011100……0　00……01000011000

　A　B　C　423 个 0　64 位

模拟试卷四参考答案

一、判断题(每题1分,共15分)

1. × 2. × 3. √ 4. √ 5. × 6. √ 7. × 8. √ 9. × 10. × 11. √ 12. √
13. × 14. √ 15. ×

二、选择题(每题1分,共15分)

1. A 2. A 3. C 4. B 5. B 6. D 7. B 8. C 9. C 10. D 11. D 12. A 13. B
14. D 15. B

三、填空题(每空1分,共10分)

1. 人为破坏 2. 分组 3. 水印数量 4. 困难性 5. RSA 6. 64 7. IP源地址 8. 拒绝服务 9. 缓冲区 10. 破坏性

注:本题答案与标准答案基本相同即可得分。

四、简答题(每题10分,共30分)

1. 写出RSA算法的全过程:

选择密钥:

(1) 选择两个不同的素数 p、q。

(2) 计算公开模数 $r=p\times q$。

(3) 计算欧拉函数 $\varphi(r)=(p-1)\cdot(q-1)$。

(4) 选择一个与 $\varphi(r)$ 互质的量 k,即保证 $\gcd(\varphi(r),k)=1$ 时,选择 k,可以令 $sp=k$ 或 $pk=k$。因为与 $\varphi(r)$ 互质的数可能不止一个,所以 k 的值是有选择的。可以先设 k 为一个初值,并且 $k<\varphi(r)$,然后用试探法求出满足条件 $\varphi(r)$ 与 k 的最大公约数为1的 k,即 $\gcd(\varphi(r),k)=1$。

注意,如果选一个密钥的值大于 $\varphi(r)$ 的值话,就不能正确求出另一个密钥。

(5) 根据 $sk\cdot pk\varphi 1 \bmod \varphi(r)$,用乘逆的算法求 pk。

加密:

RSA算法加密是针对十进制数加密的,将明文 P 分成块 P_i,并要求每块长度小于 r 值,即 $P=P_1P_2\cdots P_i$。然后每块明文自乘 pk 次幂,再按模 r 求余数,就得到密文了。

密文 $C_i=P_i^{pk} \bmod r$。

密文序列 $C=C_1C_2\cdots C_i$。

注意,如果选 $P_i\geqslant r$,将不能得到正确的加密和解密结果。

解密:

RSA算法解密与加密基本相同,将每块密文自乘 sk 次幂,再按模 r 求余数,就得到明文了。

明文 $P_i=C_i^{k} \bmod r$。

明文序列 $P=P_1P_2\cdots P_i$。

2.（1）安装模块。

（2）传染模块。

（3）破坏模块。

3. 所谓静态分析即从反汇编出来的程序清单上分析程序流程，从提示信息入手，进行分析，以便了解软件中各模块所完成的功能，各模块之间的关系，了解软件的编程思路。动态跟踪分析就是通过调试程序、设置断点、控制被调试程序的执行来发现问题。使用动态分析技术可以发现软件各个模块执行的中间结果、各个模块之间的关系、不同的分支和转移需要的条件和加密过程等。

五、应用题(每题 10，共 30 分)

1. 略。
2. * eHoar * oyw? u。
3. 略。

模拟试卷五参考答案

一、判断题(每题 1 分，共 15 分)

1. × 2. × 3. √ 4. √ 5. × 6. √ 7. × 8. × 9. √ 10. √ 11. √ 12. × 13. × 14. √ 15. √

二、选择题(每题 1 分，共 15 分)

1. C 2. A 3. D 4. A 5. D 6. D 7. D 8. C 9. C 10. D 11. C 12. B 13. B 14. B 15. A

三、填空题(每空 1 分，共 10 分)

1. 安全管理层 2. 固定 3. 128 位 4. 逆初始变换 5. 困难性 6. 篡改 7. 网络应用 8. 缓冲区溢出攻击 9. 唯一性 10. Superscan

注：本题答案与标准答案基本相同即可得分。

四、简答题(每题 10 分，共 30 分)

1. 略。

2.（1）从逻辑或物理上对网络分段。

（2）以交换式集线器代替共享式集线器。

（3）使用加密技术。

3. (1) 数据采样是通过各种传感器对生物特征进行原始图像或数据采集，即捕捉到生物特征的样品；

(2) 生物特征提取则是从采集的数据中抽取出反映个体特性的信息，提取人体的唯一特征并且被转化成数字的符号；

(3) 将人体唯一特征用数字符号存入称为生物特征模板中，这种模板可能会在识别系统中，也可能在各种各样的存储器中，如计算机的数据库、智能卡等；

(4) 匹配过程则是生物识别系统计算、比较个人生物特征与模板中生物特征数据之间的相似性，并进行排序和一致性判断的过程，以确定个人生物特征与模板中生物特征数据匹配或不匹配性。

五、应用题(共 40 分)

1. (1) hrlnedkx。

(2) 解密 $m=(n*26-5)/3$，n 为整数。

(3) security。

2. 15，7。

3. //欧几里得算法求解最大公约数

```
intgcd(inta,intb)
{  //a 为初选密钥,b 为欧拉函数值
intc,c1,b1;
c=b;a=a+1;b1=b;
do
{a--;c=a;c1=1;b=b1;
while(c1! =0)  //求解最大公约
{c1=b%c;if(c1! =0){b=c;c=c1;}};
}
}while(c>1);  //最大公约数 gcd(a,b)=1
return(a);  //返回初选密钥值
}
```

(60，35)的最大公约数为 5。

附录 3　计算机信息系统安全保护等级划分准则（GB 17859—1999）

1. 范围

本标准规定了计算机信息系统安全保护能力的五个等级，即

第一级：用户自主保护级；

第二级：系统审计保护级；

第三级：安全标记保护级；

第四级：结构化保护级；

第五级：访问验证保护级。

本标准适用于计算机信息系统安全保护技术能力等级的划分。计算机信息系统安全保护能力随着安全保护等级的增高，逐渐增强。

2. 引用标准

下列标准所包含的条文，通过在本标准中引用而构成本标准的条文。本标准出版时，所示版本均为有效。所有标准都会被修订，使用本标准的各方应探讨使用下列标准最新版本的可能性。

GB/T 5271　数据处理词汇

3. 定义

除本章定义外，其他未列出的定义见 GB/T 5271。

3.1　计算机信息系统（computer information system）

计算机信息系统是由计算机及其相关的和配套的设备、设施（含网络）构成的，按照一定的应用目标和规则对信息进行采集、加工、存储、传输、检索等处理的人机系统。

3.2　计算机信息系统可信计算基（trusted computing base of computer information system）

计算机系统内保护装置的总体，包括硬件、固件、软件和负责执行安全策略的组合体。它建立了一个基本的保护环境并提供一个可信计算系统所要求的附加用户服务。

3.3　客体（object）

信息的载体。

3.4　主体（subject）

引起信息在客体之间流动的人、进程或设备等。

3.5　敏感标记（sensitivity label）

表示客体安全级别并描述客体数据敏感性的一组信息，可信计算基中把敏感标记作为强制访问控制决策的依据。

3.6 安全策略(security policy)

有关管理、保护和发布敏感信息的法律、规定和实施细则。

3.7 信道(channel)

系统内的信息传输路径。

3.8 隐蔽信道(covert channel)

允许进程以危害系统安全策略的方式传输信息的通信信道。

3.9 访问监控器(reference monitor)

监控主体和客体之间授权访问关系的部件。

4. 等级划分准则

4.1 第一级用户自主保护级

本级的计算机信息系统可信计算基通过隔离用户与数据,使用户具备自主安全保护的能力。它具有多种形式的控制能力,对用户实施访问控制,即为用户提供可行的手段,保护用户和用户组信息,避免其他用户对数据的非法读写与破坏。

4.1.1 自主访问控制

计算机信息系统可信计算基定义和控制系统中命名用户对命名客体的访问。实施机制(例如访问控制表)允许命名用户以用户和(或)用户组的身份规定并控制客体的共享;阻止非授权用户读取敏感信息。

4.1.2 身份鉴别

计算机信息系统可信计算基初始执行时,首先要求用户标志自己的身份,并使用保护机制(例如口令)来鉴别用户的身份;阻止非授权用户访问用户身份鉴别数据。

4.1.3 数据完整性

计算机信息系统可信计算基通过自主完整性策略,阻止非授权用户修改或破坏敏感信息。

4.2 第二级系统审计保护级

与用户自主保护级相比,本级的计算机信息系统可信计算基实施了粒度更细的自主访问控制,它通过登录规程、审计安全性相关事件和隔离资源,使用户对自己的行为负责。

4.2.1 自主访问控制

计算机信息系统可信计算基定义和控制系统中命名用户对命名客体的访问。实施机制(例如访问控制表)允许命名用户以用户和(或)用户组的身份规定并控制客体的共享;阻止非授权用户读取敏感信息。并控制访问权限扩散。自主访问控制机制根据用户指定方式或默认方式,阻止非授权用户访问客体。访问控制的粒度是单个用户。没有存取权的用户只允许由授权用户指定对客体的访问权。

4.2.2 身份鉴别

计算机信息系统可信计算基初始执行时,首先要求用户标志自己的身份,并使用保护机制(例如口令)来鉴别用户的身份;阻止非授权用户访问用户身份鉴别数据。通过为用户提供唯一标志,计算机信息系统可信计算基能够使用户对自己的行为负责。计算机信息系统可信计算基还具备将身份标志与该用户所有可审计行为相关联的能力。

4.2.3 客体重用

在计算机信息系统可信计算基的空闲存储客体空间中,对客体初始指定、分配或再分配一个主体之前，撤销该客体所含信息的所有授权。当主体获得对一个已被释放的客体的访问权时，当前主体不能获得原主体活动所产生的任何信息。

4.2.4 审计

计算机信息系统可信计算基能创建和维护受保护客体的访问审计跟踪记录，并能阻止非授权的用户对它访问或破坏。

计算机信息系统可信计算基能记录下述事件：使用身份鉴别机制；将客体引入用户地址空间（例如打开文件、程序初始化）；删除客体；由操作员、系统管理员或（和）系统安全管理员实施的动作以及其他与系统安全有关的事件。对于每一事件其审计记录包括：事件的日期和时间、用户、事件类型、事件是否成功。对于身份鉴别事件，审计记录包含请求的来源（例如终端标志符）；对于客体引入用户地址空间的事件及客体删除事件，审计记录包含客体名。

对不能由计算机信息系统可信计算基独立分辨的审计事件审计机制提供审计记录接口，可由授权主体调用。这些审计记录区别于计算机信息系统可信计算基独立分辨的审计记录。

4.2.5 数据完整性

计算机信息系统可信计算基通过自主完整性策略，阻止非授权用户修改或破坏敏感信息。

4.3 第三级安全标记保护级

本级的计算机信息系统可信计算基具有系统审计保护级的所有功能。此外，还需提供有关安全策略模型、数据标记以及主体对客体强制访问控制的非形式化描述；具有准确地标记输出信息的能力；消除通过测试发现的任何错误。

4.3.1 自主访问控制

计算机信息系统可信计算基定义和控制系统中命名用户对命名客体的访问。实施机制（例如访问控制表）允许命名用户以用户和（或）用户组的身份规定并控制客体的共享；阻止非授权用户读取敏感信息，并控制访问权限扩散。自主访问控制机制根据用户指定方式或默认方式，阻止非授权用户访问客体。访问控制的粒度是单个用户。没有存取权的用户只允许由授权用户指定对客体的访问权。阻止非授权用户读取敏感信息。

4.3.2 强制访问控制

计算机信息系统可信计算基对所有主体及其所控制的客体（例如进程、文件、段、设备）实施强制访问控制，为这些主体及客体指定敏感标记，这些标记是等级类别和非等级类别的组合，它们是实施强制访问控制的依据。计算机信息系统可信计算基支持两种或两种以上成分组成的安全级。计算机信息系统可信计算基控制的所有主体对客体的访问应满足：仅当主体安全级中的等级分类高于或等于客体安全级中的等级分类，且主体安全级中的非等级类别包含了客体安全级中的全部非等级类别，主体才能读客体；仅当主体安全级中的等级分类低于或等于客体安全级中的等级分类，且主体安全级中的非等级类别包含于客体安全级的非等级类别，主体才能写一个客体，计算机信息系统可信计算基使用身份和鉴别数据，鉴别用户的身份，并保证用户创建的计算机信息系统可信计算基外部主体的安全级和授权受该用户的安全级和授权的控制。

4.3.3 身份鉴别

计算机信息系统可信计算基初始执行时，首先要求用户标志自己的身份，而且，计算机信息系统可信计算基维护用户身份识别数据并确定用户访问权及授权数据。计算机信息系统可信计算基使用这些数据鉴别用户身份,并使用保护机制(例如口令)来鉴别用户的身份;阻止非授权用户访问用户身份鉴别数据。通过为用户提供唯一标志,计算机信息系统可信计算基能够使用户对自己的行为负责。计算机信息系统可信计算基还具备将身份标志与该用户所有可审计行为相关联的能力。

4.3.4 客体重用

在计算机信息系统可信计算基的空闲存储客体空间中,对客体初始指定、分配或再分配一个主体之前,撤销客体所含信息的所有授权。当主体获得对一个已被释放的客体的访问权时,当前主体不能获得原主体活动所产生的任何信息。

4.3.5 审计

计算机信息系统可信计算基能创建和维护受保护客体的访问审计跟踪记录,并能阻止非授权的用户对它访问或破坏。

计算机信息系统可信计算基能记录下述事件:使用身份鉴别机制;将客体引入用户地址空间(例如打开文件、程序初始化);删除客体;由操作员、系统管理员或(和)系统安全管理员实施的动作以及其他与系统安全有关的事件。对于每一事件,其审计记录包括:事件的日期和时间、用户、事件类型、事件是否成功。对于身份鉴别事件,审计记录包含请求的来源(例如终端标志符);对于客体引入用户地址空间的事件及客体删除事件,审计记录包含客体名及客体的安全级别。此外,计算机信息系统可信计算基具有审计更改可读输出记号的能力。

对不能由计算机信息系统可信计算基独立分辨的审计事件,审计机制提供审计记录接口,可由授权主体调用。这些审计记录区别于计算机信息系统可信计算基独立分辨的审计记录。

4.3.6 数据完整性

计算机信息系统可信计算基通过自主和强制完整性策略,阻止非授权用户修改或破坏敏感信息。在网络环境中,使用完整性敏感标记来确信信息在传送中未受损。

4.4 第四级结构化保护级

本级的计算机信息系统可信计算基建立于一个明确定义的形式化安全策略模型之上,它要求将第三级系统中的自主和强制访问控制扩展到所有主体与客体。此外,还要考虑隐蔽通道。本级的计算机信息系统可信计算基必须结构化为关键保护元素和非关键保护元素。计算机信息系统可信计算基的接口也必须明确定义,使其设计与实现能经受更充分的测试和更完整的复审。加强了鉴别机制;支持系统管理员和操作员的职能;提供可信设施管理;增强了配置管理控制。系统具有相当的抗渗透能力。

4.4.1 自主访问控制

计算机信息系统可信计算基定义和控制系统中命名用户对命名客体的访问。实施机制(例如访问控制表)允许命名用户和(或)以用户组的身份规定并控制客体的共享;阻止非授权用户读取敏感信息。并控制访问权限扩散。

自主访问控制机制根据用户指定方式或默认方式,阻止非授权用户访问客体。访问控制的粒度是单个用户。没有存取权的用户只允许由授权用户指定对客体的访问权。

4.4.2 强制访问控制

计算机信息系统可信计算基对外部主体能够直接或间接访问的所有资源(例如主体、存储客体和输入输出资源)实施强制访问控制。为这些主体及客体指定敏感标记,这些标记是等级分类和非等级类别的组合,它们是实施强制访问控制的依据。计算机信息系统可信计算算基支持两种或两种以上成分组成的安全级。计算机信息系统可信计算基外部的所有主体对客体的直接或间接的访问应满足:仅当主体安全级中的等级分类高于或等于客体安全级中的等级分类,且主体安全级中的非等级类别包含了客体安全级中的全部非等级类别,主体才能读客体;仅当主体安全级中的等级分类低于或等于客体安全级中的等级分类,且主体安全级中的非等级类别包含于客体安全级中的非等级类别,主体才能写一个客体。计算机信息系统可信计算基使用身份和鉴别数据,鉴别用户的身份。保证用户创建的计算机信息系统可信计算基外部主体的安全级和授权受该用户的安全级和授权的控制。

4.4.3 标记

计算机信息系统可信计算基维护与可被外部主体直接或间接访问到的计算机信息系统资源(例如主体、存储客体、只读存储器)相关的敏感标记。这些标记是实施强制访问的基础。为了输入未加安全标记的数据,计算机信息系统可信计算基向授权用户要求并接受这些数据的安全级别,且可由计算机信息系统可信计算基审计。

4.4.4 身份鉴别

计算机信息系统可信计算基初始执行时,首先要求用户标志自己的身份,而且,计算机信息系统可信计算基维护用户身份识别数据并确定用户访问权及授权数据。计算机信息系统可信计算基使用这些数据,鉴别用户身份,并使用保护机制(例如口令)来鉴别用户的身份;阻止非授权用户访问用户身份鉴别数据。通过为用户提供唯一标志,计算机信息系统可信计算基能够使用户对自己的行为负责。计算机信息系统可信计算基还具备将身份标志与该用户所有可审计行为相关联的能力。

4.4.5 客体重用

在计算机信息系统可信计算基的空闲存储客体空间中,对客体初始指定、分配或再分配一个主体之前,撤销客体所含信息的所有授权。当主体获得对一个已被释放的客体的访问权时,当前主体不能获得原主体活动所产生的任何信息。

4.4.6 审计

计算机信息系统可信计算基能创建和维护受保护客体的访问审计跟踪记录,并能阻止非授权的用户对它访问或破坏。

计算机信息系统可信计算基能记录下述事件:使用身份鉴别机制;将客体引入用户地址空间(例如打开文件、程序初始化);删除客体;由操作员、系统管理员或(和)系统安全管理员实施的动作以及其他与系统安全有关的事件。对于每一事件,其审计记录包括:事件的日期和时间、用户、事件类型、事件是否成功。对于身份鉴别事件,审计记录包含请求的来源(例如终端标志符);对于客体引入用户地址空间的事件及客体删除事件,审计记录包含客体名及客体的安全级别。此外,计算机信息系统可信计算基具有审计更改可读输出记号的能力。

对不能由计算机信息系统可信计算基独立分辨的审计事件,审计机制提供审计记录接口,可由授权主体调用。这些审计记录区别于计算机信息系统可信计算基独立分辨的审计记录。

计算机信息系统可信计算基能够审计利用隐蔽存储信道时可能被使用的事件。

4.4.7 数据完整性

计算机信息系统可信计算基通过自主和强制完整性策略,阻止非授权用户修改或破坏敏感信息。在网络环境中,使用完整性敏感标记来确信信息在传送中未受损。

4.4.8 隐蔽信道分析

系统开发者应彻底搜索隐蔽存储信道,并根据实际测量或工程估算确定每一个被标志信道的最大带宽。

4.4.9 可信路径

对用户的初始登录和鉴别,计算机信息系统可信计算基在它与用户之间提供可信通信路径。该路径上的通信只能由该用户初始化。

4.5 第五级访问验证保护级

本级的计算机信息系统可信计算基满足访问监控器需求。访问监控器仲裁主体对客体的全部访问。访问监控器本身是抗篡改的;必须足够小,能够分析和测试。为了满足访问监控器需求,计算机信息系统可信计算基在其构造时,排除那些对实施安全策略来说并非必要的代码;在设计和实现时,从系统工程角度将其复杂性降低到最小程度。支持安全管理员职能;扩充审计机制,当发生与安全相关的事件时发出信号;提供系统恢复机制。系统具有很高的抗渗透能力。

4.5.1 自主访问控制

计算机信息系统可信计算基定义并控制系统中命名用户对命名客体的访问。实施机制(例如访问控制表)允许命名用户和(或)以用户组的身份规定并控制客体的共享;阻止非授权用户读取敏感信息,并控制访问权限扩散。

自主访问控制机制根据用户指定方式或默认方式,阻止非授权用户访问客体。访问控制的粒度是单个用户。访问控制能够为每个命名客体指定命名用户和用户组,并规定他们对客体的访问模式。没有存取权的用户只允许由授权用户指定对客体的访问权。

4.5.2 强制访问控制

计算机信息系统可信计算基对外部主体能够直接或间接访问的所有资源(例如主体、存储客体和输入输出资源)实施强制访问控制。为这些主体及客体指定敏感标记,这些标记是等级分类和非等级类别的组合,它们是实施强制访问控制的依据。计算机信息系统可信计算基支持两种或两种以上成分组成的安全级。计算机信息系统可信计算基外部的所有主体对客体的直接或间接的访问应满足:仅当主体安全级中的等级分类高于或等于客体安全级中的等级分类,且主体安全级中的非等级类别包含了客体安全级中的全部非等级类别,主体才能读客体;仅当主体安全级中的等级分类低于或等于客体安全级中的等级分类,且主体安全级中的非等级类别包含于客体安全级中的非等级类别,主体才能写一个客体。计算机信息系统可信计算基使用身份和鉴别数据,鉴别用户的身份,保证用户创建的计算机信息系统可信计算基外部主体的安全级和授权受该用户的安全级和授权的控制。

4.5.3 标记

计算机信息系统可信计算基维护与可被外部主体直接或间接访问到的计算机信息系统资源(例如主体、存储客体、只读存储器)相关的敏感标记。这些标记是实施强制访问的基础。为了输入未加安全标记的数据,计算机信息系统可信计算基向授权用户要求并接受这些数据的安全级别,且可由计算机信息系统可信计算基审计。

4.5.4 身份鉴别

计算机信息系统可信计算基初始执行时,首先要求用户标志自己的身份,而且,计算机信息系统可信计算基维护用户身份识别数据并确定用户访问权及授权数据。计算机信息系统可信计算基使用这些数据,鉴别用户身份,并使用保护机制(例如口令)来鉴别用户的身份;阻止非授权用户访问用户身份鉴别数据。通过为用户提供唯一标志,计算机信息系统可信计算基能够使用户对自己的行为负责。计算机信息系统可信计算基还具备将身份标志与该用户所有可审计行为相关联的能力。

4.5.5 客体重用

在计算机信息系统可信计算基的空闲存储客体空间中,对客体初始指定、分配或再分配一个主体之前,撤销客体所含信息的所有授权。当主体获得对一个已被释放的客体的访问权时,当前主体不能获得原主体活动所产生的任何信息。

4.5.6 审计

计算机信息系统可信计算基能创建和维护受保护客体的访问审计跟踪记录,并能阻止非授权的用户对它访问或破坏。

计算机信息系统可信计算基能记录下述事件:使用身份鉴别机制;将客体引入用户地址空间(例如打开文件、程序初始化);删除客体;由操作员、系统管理员或(和)系统安全管理员实施的动作以及其他与系统安全有关的事件。对于每一事件,其审计记录包括:事件的日期和时间、用户、事件类型、事件是否成功。对于身份鉴别事件,审计记录包含请求的来源(例如终端标志符);对于客体引入用户地址空间的事件及客体删除事件,审记录包含客体名及客体的安全级别。此外,计算机信息系统可信计算基具有审计更改可读输出记号的能力。

对不能由计算机信息系统可信计算基独立分辨的审计事件,审计机制提供审计记录接口,可由授权主体调用。这些审计记录区别于计算机信息系统可信计算基独立分辨的审计记录。计算机信息系统可信计算基能够审计利用隐蔽存储信道时可能被使用的事件。

计算机信息系统可信计算基包含能够监控可审计安全事件发生与积累的机制,当超过阈值时,能够立即向安全管理员发出报警。并且,如果这些与安全相关的事件继续发生或积累,系统应以最小的代价中止它们。

4.5.7 数据完整性

计算机信息系统可信计算基通过自主和强制完整性策略,阻止非授权用户修改或破坏敏感信息。在网络环境中,使用完整性敏感标记来确信信息在传送中未受损。

4.5.8 隐蔽信道分析

系统开发者应彻底搜索隐蔽信道,并根据实际测量或工程估算确定每一个被标志信道的最大带宽。

4.5.9 可信路径

当连接用户时(如注册、更改主体安全级),计算机信息系统可信计算基提供它与用户之间的可信通信路径。可信路径上的通信只能由该用户或计算机信息系统可信计算基激活,且在逻辑上与其他路径上的通信相隔离,且能正确地加以区分。

4.5.10 可信恢复

计算机信息系统可信计算基提供过程和机制,保证计算机信息系统失效或中断后,可以进行不损害任何安全保护性能的恢复。

此外,信息安全相关标准还有:

1. 终端计算机系统安全等级技术要求(中华人民共和国公共安全行业标准 GA/T 671—2006)。

2. GB/T 22239－2008《信息安全技术信息系统安全等级保护基本要求》。

3. GB/T 22240－2008《信息安全技术信息系统安全等级保护定级指南》。

参 考 文 献

[1] 张基温.信息安全实验与实践教程[M].北京:清华大学出版社,2005.
[2] 李剑.信息安全培训教程:原理篇[M].北京:北京邮电大学出版社,2008.
[3] 王常吉,龙冬阳.信息与网络安全实验教程[M].北京:清华大学出版社,2007.
[4] 李剑.信息安全导论[M].北京:北京邮电大学出版社,2007.
[5] 李伟超.计算机信息安全技术[M].长沙:国防科技大学出版社,2010.
[6] 李剑.信息安全培训教程:实验篇[M].北京:北京邮电大学出版社,2008.
[7] 崔宝江,李宝林.网络安全实验教程[M].北京:北京邮电大学出版社,2008.